中等职业教育国家规划教材

全国中等职业教育教材审定委员会审定

设 备 管 理

第 2 版

（机电设备安装与维修专业）

主　　编　高志坚

副 主 编　赵学清

参　　编　刘文芳　徐夷冶　黄晓敏　许　羽

U0239327

机 械 工 业 出 版 社

本书是 2002 年出版的中等职业教育国家规划教材《设备管理》的修订版。全书根据设备整个寿命周期管理中的各个环节，系统地叙述了设备的资产管理、前期管理、使用与维护、润滑管理、技术状态管理，设备的维修，备件管理、特种设备的使用管理、设备伤害及其预防，以及网络计划技术在设备管理中的应用等内容。内容简明扼要，语言通俗、流畅。

　　本书可以作为中等职业学校机电设备安装与维修、机电技术应用专业教材及其他机械类专业选学课程教材，也可作为从事设备管理工作的工程技术人员的参考用书和企业培训设备管理与维修人员的培训教材。

图书在版编目（CIP）数据

设备管理/高志坚主编 . —2 版 . —北京：机械工业出版社，2012.4
（2025.2 重印）

中等职业教育国家规划教材　全国中等职业教育教材审定委员会审定
ISBN 978-7-111-37633-0

Ⅰ.①设…　Ⅱ.①高…　Ⅲ.①机电设备-设备管理-中等专业学校
-教材　Ⅳ.① TM

中国版本图书馆 CIP 数据核字（2012）第 035450 号

机械工业出版社（北京市百万庄大街22 号　邮政编码100037）
策划编辑：汪光灿　责任编辑：汪光灿　王莉娜
版式设计：刘　岚　责任校对：李锦莉
责任印制：单爱军
北京虎彩文化传播有限公司印刷
2025 年 2 月第 2 版·第 10 次印刷
184mm×260mm·10.25 印张·251 千字
标准书号：ISBN 978-7-111-37633-0
定价：33.00 元

电话服务　　　　　　　　网络服务
客服电话：010-88361066　　机 工 官 　网：www.cmpbook.com
　　　　　010-88379833　　机 工 官 　博：weibo.com/cmp1952
　　　　　010-68326294　　金 书 　网：www.golden-book.com
封底无防伪标均为盗版　　机工教育服务网：www.cmpedu.com

中等职业教育国家规划教材出版说明

　　为了贯彻《中共中央国务院关于深化教育改革全面推进素质教育的决定》精神，落实《面向 21 世纪教育振兴行动计划》中提出的职业教育课程改革和教材建设规划，根据教育部关于《中等职业教育国家规划教材申报、立项及管理意见》（教职成［2001］1 号）的精神，我们组织力量对实现中等职业教育培养目标和保证基本教学规格起保障作用的德育课程、文化基础课程、专业技术基础课程和 80 个重点建设专业主干课程的教材进行了规划和编写，从 2001 年秋季开学起，国家规划教材将陆续提供给各类中等职业学校选用。

　　国家规划教材是根据教育部最新颁布的德育课程、文化基础课程、专业技术基础课程和 80 个重点建设专业主干课程的教学大纲（课程教学基本要求）编写，并经全国中等职业教育教材审定委员会审定。新教材全面贯彻素质教育思想，从社会发展对高素质劳动者和中初级专门人才需要的实际出发，注重对学生的创新精神和实践能力的培养。新教材在理论体系、组织结构和阐述方法等方面均作了一些新的尝试。新教材实行一纲多本，努力为教材选用提供比较和选择，满足不同学制、不同专业和不同办学条件的教学需要。

　　希望各地、各部门积极推广和选用国家规划教材，并在使用过程中，注意总结经验，及时提出修改意见和建议，使之不断完善和提高。

教育部职业教育与成人教育司

第 2 版前言

本书是在 2002 年出版的中等职业教育国家规划教材《设备管理》的基础上修订而成的。原版教材已经使用了 10 年，以其通俗的语言、精练实用的内容受到读者的好评。

本书修订时，广泛听取了读者的意见和建议，根据国家《特种设备安全监察条例》、《中华人民共和国安全生产法》、《中华人民共和国职业病防治法》对企业设备管理提出的新要求，新增了"特种设备的使用管理"、"设备伤害及其预防"等章节。根据《特种设备安全监察条例》规定，特种设备包含了原版教材所提到的动力设备，故删去了原版中的"动力设备管理"章节。另外，由于计算机技术、互联网技术的飞速发展，原版中的"计算机技术在设备管理中的应用"章节的内容已经陈旧，修订时予以删去。同时还删去了"设备的更新改造"章节，使本书的内容比原版内容更加先进、务实、精练。

本书由常州机电职业技术学院高志坚（第七章部分节、第八章、第十章）、张家界航空工业职业技术学院赵学清（第五章部分节、第六章）、东风汽车公司高级技工学校刘文芳（第一章、第三章、第四章）、常州机电职业技术学院徐夷冶（第二章、第九章、第十一章）、重庆工业职业技术学院黄晓敏（第五章部分节、第七章部分节）、常州机电职业技术学院许羽（第九章）编写，高志坚任主编，赵学清任副主编。

限于编者的水平，书中难免存在错漏和不足，恳请广大读者批评指正。

编　者

第1版前言

设备是企业主要的生产手段，是生产力的重要标志之一。随着科学技术的飞速发展，大量新知识、新技术、新工艺、新材料的不断涌现，现代化设备已不再是传统意义上的机械技术与电气技术的产物，而是机械技术、电气技术、电子技术、光学技术、数字技术乃至软件技术有机结合的产物。从事操作、维修、安装这些现代化设备的人员，没有设备管理的基本知识与基本能力是不行的。对于一个企业来说，没有现代化的设备管理，就不可能构建现代化的企业。

为了贯彻落实《中共中央、国务院关于深化教学改革全面推进素质教育的决定》和《面向 21 世纪教育振兴行动计划》，全面推进素质教育，培养适应 21 世纪我国经济、科技和社会发展要求的高素质劳动者和中初级专门人才，实施"职业教育课程改革和教材建设规划"，编者在《机电设备安装与维修整体教学改革方案》研究成果的基础上，根据"设备管理教学大纲"的要求编写了本书。

本书融合编者从事企业设备管理和维修工作十多年的生产实践以及相关专业、课程的教学经验，吸收有关书籍、资料中的精华，并充分考虑到中等职业教育的特点，在选材到内容编排上力求简明、实用，突出针对性、适用性、新颖性和通俗性。全书层次结构清晰，重点突出，叙述通俗易懂，文字精练流畅。由于设备管理具有综合型、边缘性的特点，许多名词术语来自不同的学科，称呼不一。因此，编者对重要的名词术语作了考证，并在全书中予以统一。

本书由江苏常州机械学校高志坚（第七章部分节、第八章、第十二章）、张家界航空工业学校赵学清（第五章部分节、第六章）、东风汽车公司高级技工学校刘文芳（第一章、第三章、第四章）、江苏常州机械学校徐夷冶（第二章、第九章、第十一章）、重庆工业职业技术学院黄晓敏（第五章部分节、第七章部分节、第十章）编写，高志坚任主编，赵学清任副主编。

江苏大学工商学院副院长李锦飞副教授、江苏常州机械学校张小芳高级讲师担任本书的主审。东风汽车公司高级技工学校陈义国、江苏常州机械学校陈泰兴、柴建国、吴正勇，四川工程职业技术学院赵长旭，德阳安装工程学校金清，张家界航空工业学校夏罗生参加了审稿。

由于设备管理是一门正处于研究和发展阶段的学科，不少问题尚需探索研究和实践验证，理论体系也还不完全成熟，并随着科学技术的发展而不断更新，因此，编写这本书是一项开拓性的工作，书中的不足和错漏之处在所难免，恳请读者批评指正。

编　者

目　录

中等职业教育国家规划教材出版说明

第2版前言

第1版前言

第一章　设备管理概述 …………………… 1
　　复习思考题 …………………………… 5
第二章　设备的资产管理 …………………… 6
　　第一节　固定资产 …………………… 6
　　第二节　设备资产管理的基础资料 …… 10
　　第三节　设备资产的动态管理 ……… 11
　　复习思考题 …………………………… 15
第三章　设备的前期管理 ………………… 16
　　第一节　设备投资规划 ……………… 16
　　第二节　外购设备选型与购置 ……… 18
　　第三节　自制设备管理 ……………… 21
　　第四节　设备安装 …………………… 22
　　复习思考题 …………………………… 28
第四章　设备的使用与维护 ……………… 29
　　第一节　设备的使用 ………………… 29
　　第二节　设备的维护 ………………… 32
　　复习思考题 …………………………… 36
第五章　设备的润滑管理 ………………… 37
　　第一节　润滑材料 …………………… 37
　　第二节　设备润滑方式与设备润滑图表 …… 41
　　第三节　设备润滑管理的组织与制度 … 46
　　复习思考题 …………………………… 51
第六章　设备的技术状态管理 …………… 52
　　第一节　技术状态管理概述 ………… 52
　　第二节　设备的点检 ………………… 56
　　第三节　设备故障 …………………… 59
　　第四节　设备事故 …………………… 63
　　复习思考题 …………………………… 65
第七章　设备的维修 ……………………… 66
　　第一节　维修方式与修理类别 ……… 66
　　第二节　设备修理定额与修理复杂系数 … 68
　　第三节　设备修理计划 ……………… 72
　　第四节　设备修前的准备工作 ……… 74

　　第五节　设备修理计划的实施、验收
　　　　　　与考核 …………………… 76
　　第六节　设备维修用技术资料与文件 … 80
　　复习思考题 …………………………… 84
第八章　备件管理 ………………………… 85
　　第一节　备件管理概述 ……………… 85
　　第二节　备件的技术管理 …………… 87
　　第三节　备件的计划管理与经济管理 … 90
　　第四节　备件库管理与库存 ABC 管理法 … 91
　　复习思考题 …………………………… 94
第九章　特种设备的使用管理 …………… 95
　　第一节　概述 ………………………… 95
　　第二节　锅炉的使用管理 …………… 101
　　第三节　压力容器使用管理 ………… 105
　　第四节　压力管道使用管理 ………… 110
　　第五节　电梯、起重机械、客运索道、游乐
　　　　　　设施、厂内机动车辆使用管理 … 113
　　复习思考题 …………………………… 116
第十章　设备伤害及其预防 ……………… 117
　　第一节　伤亡事故与职业病、危险源与
　　　　　　风险的概念 ……………… 117
　　第二节　危险源的产生及类型 ……… 119
　　第三节　危险源辨识 ………………… 126
　　第四节　重大危险源的判定 ………… 130
　　第五节　风险控制 …………………… 133
　　第六节　设备制造过程重大危险源与风险
　　　　　　分析及防护措施 ………… 134
　　复习思考题 …………………………… 140
第十一章　网络计划技术在设备管理
　　　　　　中的应用 ………………… 141
　　第一节　网络计划技术概述 ………… 141
　　第二节　网络图的绘制和时间参数的
　　　　　　计算 ……………………… 142
　　第三节　网络计划的检查、调整与优化 … 147
　　复习思考题 …………………………… 149
附录　设备统一分类及编号目录 ………… 151
参考文献 …………………………………… 157

第一章　设备管理概述

所谓设备，通常是泛指国民经济各部门和社会领域的生产、生活物资技术装备、设施、装置和仪器等。设备管理中所指的设备，是实际使用寿命在 1 年以上，在使用中基本保持其原有实物形态，单位价值在规定限额以上，且能独立完成至少一道生产工序或提供某种功能的机器、设施以及维持这些机器、设施正常运转的附属装置。

设备管理是以提高设备综合效率，追求设备寿命周期费用最经济，实现企业生产经营目标为目的，运用现代科学技术、管理理论和管理方法对设备寿命周期的全过程从技术、经济、管理等方面进行综合研究的一门学科。设备寿命周期是指设备发生费用的整个时期，即从规划决策、设计制造、选型采购、安装调试、初期管理、使用维修、改造更新直至报废处理的全过程。

设备有实物形态和价值形态两种形态，实物形态是价值形态的物质载体；价值形态是实物形态的货币表现。在整个设备寿命周期内，设备都处于这两种形态的运动之中。对应于设备的两种形态，设备管理也有两种方式，即设备的实物形态管理和价值形态管理。

(1) 实物形态管理　设备从规划设置直至报废的全过程即为设备实物形态运动过程。设备的实物形态管理就是从设备实物形态运动过程出发，研究如何管理设备实物的可靠性、维修性、工艺性、安全性、环保性及使用中发生的磨损、性能劣化、检查、修复、改造等技术业务，其目的是使设备的性能和精度处于良好的技术状态，确保设备的输出效能最佳。

(2) 价值形态管理　在整个设备寿命周期内包含的最初投资、使用费用、维修费用的支出，折旧、改造、更新资金的筹措与支出等，构成了设备的价值形态运动过程。设备的价值形态管理就是从经济效益角度研究设备价值的运动，即新设备的研制、投资及设备运行中的投资回收，运行中的损耗补偿，维修、技术改造的经济性评价等经济业务，其目的就是使设备的寿命周期费用最经济。

现代设备管理强调综合管理，其实质就是设备实物形态管理和价值形态管理相结合，追求在输出效能最大的条件下使设备的综合效率最高。只有把两种形态管理统一起来，并注意不同的侧重点，才可实现这个目标。

一、设备管理的重要意义

1. 设备管理是企业生产经营管理的基础工作

现代企业依靠机器和机器体系进行生产，生产中各个环节和工序要求严格地衔接、配合。生产过程的连续性和均衡性主要靠机器设备的正常运转来保证。只有加强设备管理，正确地操作使用，精心地维护保养，实时地进行设备的状态监测，科学地修理、改造，使设备处于良好的技术状态，才能保证生产连续、稳定地运行。

2. 设备管理是企业产品质量的保证

产品质量是企业的生命、竞争的支柱。产品是通过设备生产出来的，如果生产设备特别是关键设备的技术状态不良，严重失修，必然会造成产品质量下降甚至废品成堆。加强企业质量管理，就必须同时加强设备管理。

3. 设备管理是提高企业经济效益的重要途径

企业要想获得良好的经济效益，必须适应市场需要，使产品质优价廉。设备管理既影响企业的产出（产量、质量），又影响企业的投入（产品成本），因而是影响企业经济效益的重要因素。加强设备管理是挖掘企业生产潜力、提高经济效益的重要途径。

4. 设备管理是搞好安全生产和环境保护的前提

设备技术落后和管理不善是导致发生设备事故和人身伤害，排放有毒有害的气体、液体、粉尘而污染环境的重要原因。消除事故、净化环境是人类生存、社会发展的长远利益所在。加速发展经济，必须重视设备管理，为安全生产和环境保护创造良好的条件。

5. 设备管理是企业长远发展的重要条件

科学技术进步是推动经济发展的主要动力。企业的科技进步主要体现在产品的开发、生产工艺的革新和生产装备技术水平的提高上。企业要在激烈的市场竞争中求得生存和发展，需要不断采用新技术、开发新产品，这就要求企业加强设备管理，推动生产装备的技术进步，以先进的试验研究装置和检测设备来保证新产品的开发和生产，实现企业的长远发展目标。

二、设备管理的发展历史

各国设备管理的发展大致经历了三个主要阶段。

1. 事后维修阶段

所谓事后维修，是指机器设备在生产过程中发生故障或损坏之后才进行修理。工业革命前，工场生产以手工作业为主，生产规模小，技术水平低，使用的设备和工具比较简单，维修工作由生产工人实施，即所谓的兼修时代。18 世纪末 19 世纪初，随着企业采用机器生产规模的不断扩大，机器设备的技术日益复杂，维修机器的难度与消耗的费用也日渐增加，维修工作逐步形成了由专职的维修人员进行，即所谓的专修时代。这一阶段的表现形式主要体现在事后修理机器，因此叫事后维修阶段。

2. 预防性定期修理阶段

20 世纪以来，科学技术不断进步，工业生产不断发展，设备的技术装备水平不断提高，企业管理进入了科学管理阶段。由于机器设备发生故障或损坏而停机修理会引起生产中断，使企业的生产活动不能正常进行，从而带来很大的经济损失。于是，出现了为防止意外故障而预先安排修理，进入了以减少停机损失的预防性定期修理的新阶段。由于这种修理安排在故障发生之前，是可以计划的，所以也可叫做计划预修。

3. 各种设备管理模式并行阶段

（1）综合工程学　其定义是：为使资产寿命周期费用最经济，把相关的工程技术、管理、财务等业务加以综合的学科。综合工程学理论于 70 年代由英国丹尼斯·巴克思提出后，英国政府以政府行为积极予以支持。综合工程学这一思想对其他国家也有所影响。

（2）全员生产维修　日本在美国生产维修制的基础上，吸收了英国综合工程学和中国鞍钢宪法的群众路线思想，提出了全员生产维修的概念。它强调企业全员参与，以设备一生为对象建立预防维修系统并进行有效反馈，追求设备综合效率的最高。

（3）设备综合管理　20 世纪 80 年代，我国在前苏联的计划预修制基础上，吸收生产维修、综合工程学、后勤工程学和全员生产维修的内容，提出了对设备进行综合管理的思想。这一体系尚无规范化的模式，随企业的不同而各有特点。

三、我国设备管理的发展概况

新中国成立以来，我国工业交通企业的设备管理工作大体上经历了从事后维修、计划预修到综合管理，即从经验管理、科学管理到现代管理的三个发展阶段。

1. 经验管理阶段（1949～1952年）

从1949年到第一个五年计划开始之前的三年经济恢复时期，我国工业交通企业一般沿袭旧中国的设备管理模式，采用设备坏了再修的做法，处于事后维修的阶段。

2. 科学管理阶段（1953～1978年）

从1953年开始，全面引进了前苏联的设备管理制度，把我国的设备管理从事后维修推进到定期计划预防修理阶段。由于实行预防维修，设备的故障停机大大减少，有力地保证了我国工业骨干建设项目的顺利投产和正常运行。其后，在以预防为主，维护保养和计划检修并重方针的指导下，创造了"专群结合、专管成线、群管成网"，"三好四会"，"润滑五定"，"定人定机"，"分级保养"等一系列具有中国特色的好经验、好办法，使我国的设备管理与维修工作在计划预修制的基础上有了重大的改进和发展。

3. 现代管理阶段

从1979年开始，国家有关部委以多种形式介绍英国设备综合工程学、日本全员生产维修等现代设备管理理论和方法，组织一批企业试点推行，逐渐形成了一套有中国特色的设备综合管理思想，但未形成统一的模式。

四、我国设备管理的发展趋势

现代设备正朝着大型化、高速化、精密化、电子化、自动化等方向发展，而社会经济逐步实现市场化、国际化，作为企业管理的一个重要组成部分的设备管理必须适应这一大趋势，运用现代管理的思想，遵循市场规律，充分利用社会资源，做好设备管理工作。

1. 设备管理的社会化

设备管理社会化是指适应社会化大生产的客观规律，按市场经济发展的客观要求，组织设备运行各环节的专业化服务，形成全社会的设备管理服务网络，使企业设备运行过程中所需要的各种服务由自给转变为由社会提供。其主要内容为：完善设备制造企业的售后服务体系，建立健全设备维修与改造专业化服务中心、备品配件服务中心、设备润滑技术服务中心、设备交易中心、设备诊断技术中心、设备技术信息中心以及设备管理教育培训中心。

2. 设备管理的市场化

设备管理市场化是指通过建立完善的设备要素市场，为全社会设备管理提供规范化、标准化的交易场所，以最经济合理的方式为全社会设备资源的优化配置和有效利用提供保障，促使设备管理由企业自我服务向市场提供服务转化。培育和规范设备要素市场，充分发挥市场机制在优化资源配置中的作用，是实现设备管理市场化的前提。

3. 设备管理的现代化

设备管理现代化是为了适应现代科学技术和生产力发展水平，遵循社会主义市场经济发展的客观规律，把现代科学技术的理论、方法、手段系统地、综合地应用于设备管理，充分发挥设备的综合效能，适应生产现代化的需要，创造最佳的设备投资效益。设备管理的现代化是设备管理的综合发展过程和趋势，是一个不断发展的动态过程，它的内容体系随科学技术的进步而不断更新和发展。

五、我国设备管理的依据

1983 年，原国家经委发布实施《国营工业交通企业设备管理试行条例》，经过三年试行，总结经验、修改补充，国务院于 1987 年正式发布了《全民所有制工业交通企业设备管理条例》（以下简称《设备管理条例》）。从此，我国设备管理进入了依法治理的新阶段，企业设备管理工作有法可依、有章可循。《设备管理条例》明确规定了我国设备管理工作的基本方针、政策、主要任务和要求。它是适应我国经济建设和企业管理现代化的要求，把现代设备管理的理论和方法与我国具体实践相结合的产物，既借鉴了国外的先进理论和实践，又总结和融合了我国设备管理的成功经验，体现了"以我为主，博采众长，融合提炼，自成一家"的方针，具有一定的中国特色。

20 世纪 90 年代，我国国民经济开始了两个伟大的转变，经济体制从传统的计划经济体制向社会主义市场经济体制转变，经济增长方式从粗放型向集约型转变。为了适应两个转变的要求，1996 年国家经贸委制定了《"九五"全国设备管理工作纲要》。它是在新形势下对《设备管理条例》的发展和补充，并提出"九五"期间的三大任务：加强法制建设，继续贯彻《设备管理条例》；培育和规范设备要素市场；强化设备更新改造。

1. 设备管理的方针

《设备管理条例》要求，企业设备管理应当以效益为中心，坚持依靠技术进步，促进生产经营发展和预防为主的方针。

（1）以效益为中心　就是要建立设备管理的良好运行机制，积极推行设备综合管理，加强企业设备资产的优化组合，加大企业设备资产的改造更新力度，确保企业设备资产的保值增值。

（2）依靠技术进步　一是要适时用新设备替换老设备；二是运用高新技术对老旧设备进行改造；三是推广设备诊断技术、计算机辅助管理技术等管理新手段。

（3）促进生产经营发展　就是要正确处理企业生产经营与设备管理的辩证关系。首先，设备管理必须坚持为提高生产率，保证产品质量，提高企业经济效益服务；其次，必须深化设备管理的改革，建立和完善设备管理的激励机制和约束机制，充分认识设备管理工作的地位和作用，保证国有资产的保值增值，为企业的长远发展目标提供保障。

（4）预防为主　使用单位为确保设备持续高效正常运行，防止设备非正常劣化，在依靠检查、状态监测、故障诊断等技术的基础上，逐步向以状态监测维修为主的维修方式发展。设备制造单位应主动听取和收集使用单位的信息资料，不断改进设计水平，提高制造工艺水平，转变传统设计思想，把维修预防纳入设计新概念中去，逐步向无维修设计目标努力。

2. 设备管理的原则

《设备管理条例》规定，企业设备管理的原则是：设计、制造与使用相结合；维护与计划检修相结合；修理、改造与更新相结合；群众管理与专业管理相结合；技术管理与经济管理相结合。

（1）设计、制造与使用相结合　设备制造单位在设计的指导思想上和制造过程中，必须充分考虑寿命周期内设备的可靠性、维修性、经济性等指标，最大限度地满足用户的需要，并做好售后服务。设备使用单位应正确使用设备，在设备的使用维修过程中，及时向设备的设计、制造单位反馈信息，帮助制造单位改进设计、提高质量。

（2）维护与计划检修相结合　这是贯彻预防为主的方针，保证设备持续安全经济运行的重要措施。对设备加强运行中的维护、检查和监测，可以有效地保持设备的各项功能，延长修理间隔期，减少修理工作量。在设备检查和状态监测的基础上实施预防性检修，不仅可以及时恢复设备功能，同时又为设备的维护创造了良好条件，减少了检修工作量，延长了设备使用寿命。

（3）修理、改造与更新相结合　这是提高企业技术装备素质的有效措施。修理是必要的，但一味追求修理，会阻碍技术进步，经济上也不合算。企业应依靠技术进步，以技术经济分析为手段和依据，进行设备的大修、改造或更新。

（4）群众管理与专业管理相结合　全员管理能激发职工参与设备管理的积极性和创造性，有利于设备管理的各项工作的广泛开展；专业管理有利于深层次的研究；两者结合有利于实现设备综合管理。

（5）技术管理与经济管理相结合　技术管理包括对设备的设计、制造、规划选型、维护修理、监测实验、更新改造等技术活动，以确保设备技术状态完好和装备水平不断提高。经济管理不仅是投资费、维持费和折旧费的管理，更重要的是设备的资产经营以及优化配置和有效运营，确保资产的保值增值。针对设备的物质形态和价值形态而进行的技术管理和经济管理是设备管理不可分割的两个侧面，两者的有机结合能够保证设备取得最佳的综合效益。

上述"五个结合"是我国多年设备管理实践的结晶。随着市场经济体制和现代企业制度的建立和完善，企业应推行设备综合管理与企业管理相结合，把以提高企业竞争力和企业生产经营效益为中心、建立适应社会主义市场经济和集约经营的设备管理体制、实行设备综合管理、不断改善和提高企业技术装备素质、充分发挥设备效能、不断提高设备综合效率、降低设备寿命周期费用和促进企业经济效益的不断提高作为设备管理的主要任务。

复习思考题

1-1　什么是设备？

1-2　什么是设备管理？它的主要内容有哪些？

1-3　设备寿命周期的概念是什么？它主要包括哪几个阶段？

1-4　设备管理的发展有哪几个阶段？

1-5　简述设备管理的发展趋势。

1-6　设备管理有何重要意义？它的目的是什么？

1-7　设备管理的方针和原则是什么？

第二章　设备的资产管理

设备是企业固定资产的重要组成部分，是企业进行生产经营活动的物质基础。为了确保企业资产完整，充分发挥设备效能，提高生产技术装备水平和经济效益，必须严格实施设备的资产管理，其主要内容包括设备的分类、编号、重点设备的划分与管理、设备基础资料的管理、设备资产动态管理以及设备的库存管理等。

第一节　固　定　资　产

固定资产是指企业用于生产商品或提供劳务、出租给他人或以行政管理为目的而持有的，预计使用年限超过1年的具有实物形态的资产。

一、固定资产应具备的条件与特点

固定资产应同时具备两个条件：①使用期限在1年以上；②单价在规定限额以上（企业可参照国家有关规定或各行业主管部门的规定执行，也可根据自己的实际情况，确定一个合理的单价底限）。不具备以上两个标准的实物形态资产为低值易耗品。有些更换频繁，容易损坏的工具、仪器，例如玻璃器具等，虽然具备上述两个标准，但由于容易损坏，也可以归类于低值易耗品。

固定资产的主要特点是：它可以连续地参加很多个生产周期，并在长期使用中保持其原有的实物形态；固定资产的价值随着其有形磨损和无形磨损，逐渐地部分转移到其所生产的产品中去，构成产品成本和产品价值的组成部分。

二、固定资产的计价

对固定资产进行正确的计价，是进行固定资产价值核算的依据，同时也是计提折旧的必要条件。固定资产的计价标准取决于不同的计价目的，计价目的不同，所采取的计价标准也就不同。固定资产的计价标准主要有以下四种。

1. 固定资产原始价值

原始价值也称原始购置成本或历史成本，是指企业购建某项固定资产达到可使用状态前所发生的一切合理、必要的支出。企业新购建固定资产的计价、确定计提折旧的依据等均采用这种计价方法，其主要优点是具有客观性和可验证性。也就是说，按这种计价方法确定的价值，均是实际发生并有支付凭据的支出。正是由于这种计价方法具有客观性和可验证性的特点，它成为固定资产的基本计价标准。这种计价方法也有明显的缺点，即当经济环境和社会物价水平发生变化时，它不能反映固定资产的真实价值。

2. 固定资产重置完全价值

重置完全价值也称为现时重置成本，它是指在现实的生产技术条件下，重新购建同样的全新固定资产所需要的全部支出。按现时重置成本计价，一般是企业固定资产盘盈、接受馈赠固定资产，或按国家规定对固定资产进行重新估价时采用。重置价值反映的是现实条件下固定资产的价值。利用重置价值可以了解企业固定资产在现实条件下的规模，将其与原始价值相对比，可以分析生产技术和经济发展对固定资产价值的影响程度。

3. 净值

固定资产净值也称为折余价值，是指固定资产原始价值或重置完全价值减去已提折旧后的净额。利用净值，可以了解企业固定资产尚未损耗的价值，将其同原始价值相对比，可以分析企业固定资产的新旧程度。

4. 残值与净残值

残值是指固定资产报废时的残余价值，即报废资产拆除后留余的材料、零部件或残体的价值；净残值则为残值减去清理费用后的余额。

三、固定资产的折旧

企业的固定资产因磨损而减少的价值将转移到产品成本中去，构成产品成本的一项生产费用，这就是折旧费或折旧额。当产品销售后，折旧费转化为货币资金，作为设备磨损的补偿。到设备报废时，其价值已全部转化为货币资金。固定资产折旧是指在固定资产的预计使用期限内，按照一定的方法对固定资产原值扣除预计净残值后进行的摊销。

计算折旧的方法有直线折旧法和加速折旧法等。由于固定资产折旧方法的选择直接影响到企业成本和费用的计算，也影响到企业的收入和纳税，从而影响到国家的财政收入，因此对固定资产折旧方法的选用，应当科学合理。

1. 直线折旧法

直线折旧法又称直线法，可分为两种：使用年限法和工作量折旧法。

（1）使用年限法　折旧额与折旧率的计算公式为

$$B_{年} = \frac{K_0(1-\beta)}{T} \tag{2-1}$$

式中　$B_{年}$——各类固定资产的年折旧额；

K_0——各类固定资产原值；

β——各类固定资产净残值占原值的比率（取3%~5%）；

T——各类固定资产的折旧年限。

$$a_{年} = \frac{B_{年}}{K_0} \tag{2-2}$$

式中　$a_{年}$——各类固定资产的年折旧率。

（2）工作量折旧法　工作量折旧法应用于某些价值很高但不经常使用的大型设备，大型建筑施工机械以及交通运输企业的客、货运汽车等。

按工作时间计算折旧额的公式为

$$B_{时} = \frac{K_0(1-\beta)}{T_{时}} \quad 或 \quad B_{班} = \frac{K_0(1-\beta)}{T_{班}} \tag{2-3}$$

式中　$B_{时}$——单位小时折旧额；

$T_{时}$——在折旧年限内该项固定资产总工作小时定额；

$B_{班}$——工作台班折旧额；

$T_{班}$——在折旧年限内该项固定资产总工作台班定额。

按行驶历程计算折旧额的公式为

$$B_{km} = \frac{K_0(1-\beta)}{L_{km}} \tag{2-4}$$

式中　B_{km}——某车型每行驶 1km 的折旧额；

　　　L_{km}——某车辆总行驶里程定额。

直线折旧法简便易行，我国工业企业基本上都采用这种方法，其实质是将折旧回收总额平均分摊后向产品成本中转移，以求得在单位产品中设备价值损耗量的均衡。要指出的是，由于设备在使用初期、中期及后期故障率不同，产生的效益也不同，因而各个时期单位产品成本中设备的实际损耗是不相同的。

2. 加速折旧法

加速折旧法是一种加快回收设备投资的方法，即在折旧年限内，对折旧总额的分配不是按年平均的，而是先多后少，逐年递减，常用的有以下几种。

（1）年限总额法　即将折旧总额乘以年限递减系数来计算折旧，其计算公式为

$$B_i = \frac{T+1-t_i}{\sum\limits_{i=1}^{T} t_i} K_0 (1-\beta) = \frac{T+1-t_i}{T(T+1)\div 2} K_0 (1-\beta) \tag{2-5}$$

式中　　　B_i——在折旧年限内第 i 年的折旧额；

　　　　　t_i——折旧年限的第 i 年度；

$\dfrac{T+1-t_i}{T(T+1)\div 2}$——年限递减系数。

（2）双倍余额递减法　这种方法是指在不考虑固定资产净残值的情况下，根据每年年初固定资产账面净值乘以双倍直线法折旧率来计算固定资产折旧。在固定资产折旧年限到期以前两年内，将固定资产净值扣除预计净残值后的价值平均摊销，即在最后两年内按直线法计提折旧。

例 2-1　某企业进口一高新设备，原价为 40 万元，预计使用 8 年，预计报废时净残值为20 000 元，该设备采用双倍余额递减法计算的年折旧额见表 2-1。

表 2-1　折旧计算表

年份	年初固定资产账面净值/元	年折旧率/元	年折旧额/元	累计折旧额/元	年末固定资产账面净值/元
1	400 000.00	25%	100 000.00	100 000.00	300 000.00
2	300 000.00	25%	75 000.00	175 000.00	225 000.00
3	225 000.00	25%	56 250.00	231 250.00	168 750.00
4	168 750.00	25%	42 187.50	273 437.50	126 562.50
5	126 562.50	25%	31 540.63	304 978.13	95 021.87
6	95 021.87	25%	23 755.47	328 733.60	71 266.40
7	71 266.40	—	25 633.20	354 366.80	45 633.20
8	45 633.20	—	25 633.20	380 000.00	20 000.00

注：前 6 年的年折旧率 =（2÷8）×100% = 25%。第 7 年应提折旧 =（71 266.40 - 20 000.00）÷2 元 = 25 633.20 元。

四、设备的分类

对于固定资产的重要组成部分——设备，应对其进行分类，目的是为了分析企业所拥有设备的技术性能及其在生产中的地位，明确设备管理工作的重点对象，做到统筹兼顾，提高工作效率。按设备管理与维修的要求，设备可划分为主要设备、大型精密设备、重点设备等。

（1）主要设备　根据国家统计局现行规定，凡修理复杂系数大于 5 的设备称为主要设

备。此类设备应作为设备管理工作的重点。例如设备管理的某些主要指标如完好率、故障率、设备建档率等均只考核主要设备。应该说明的是，企业在划分主要设备时，应根据本企业的生产性质而定，不能完全以 5 个修理复杂系数为标准。

（2）大型、精密设备　机器制造企业将对产品的生产和质量有决定性影响的大型、精密设备列为关键设备。

1）大型设备。包括卧式镗床、立式车床、加工工件在 $\phi1000\mathrm{mm}$ 以上的卧式车床、刨削宽度在 1000mm 以上的单臂刨床、龙门刨床等以及单台设备在 10t 以上的大型稀有机床。

2）精密设备。具有极精密机床元件（如主轴、丝杠），能加工高精度、小表面粗糙度值产品的机床，如坐标镗床、光学曲线磨床、螺纹磨床、丝杠磨床、齿轮磨床，加工误差 ≤ 0.002mm/1000mm 和圆度误差 ≤ 0.001mm 的车床，加工误差 ≤ 0.001mm/1000mm、圆度误差 ≤ 0.0005mm 及表面粗糙度 Ra 值在 0.02 ~ 0.04μm 的外圆磨床等。

（3）重点设备　重点设备选定的依据，主要是生产设备发生故障后和修理停机时对生产、质量、成本、安全等诸方面影响的程度与造成生产损失的大小。另外，设备的维修性也是要考虑的因素，具体依据见表 2-2。已列为精密、大型的设备，一般都可列入重点设备。

表 2-2　重点设备的选定依据

影响因素	选定依据	影响因素	选定依据
生产方面	1. 关键工序的单一关键设备	成本方面	1. 台时价值高的设备
	2. 负荷高的生产专用设备		2. 消耗动力能源大的设备
	3. 出现故障后影响生产面大的设备		3. 修理停机对产量影响大的设备
	4. 故障频繁，经常影响生产的设备	安全方面	1. 出现故障或损坏后严重影响人身安全的设备
	5. 负荷高并对均衡生产影响大的设备		2. 对环境保护及作业人员有严重影响的设备
质量方面	1. 精加工关键设备	维修性方面	1. 修理复杂程度高的设备
	2. 关键工序无代用的设备		2. 备件供应困难的设备
	3. 由于设备原因影响工序能力指数，使工序能力指数很低的设备		3. 易出故障且难以维修的设备

重点设备不是长期不变的，应随着企业产品计划、产品工艺的变化而改变，企业需组织有关人员定期进行研究、调整。

五、设备的统一分类及编号

通过对设备进行分类及编号，一方面可以直接从分类编号中了解设备的属类、性质，另外也便于对设备数量进行分类统计，掌握设备的构成情况。国家有关部门针对不同的行业对各种设备进行了统一的分类及编号。机械工业企业设备的分类编号可参阅附录"设备统一分类及编号目录"。

在新设备安装调试验收合格后，设备管理部门必须对每台设备进行编号，并填入移交验收单中。使用部门据此建立账卡，纳入正常管理。

属于固定资产的设备编号由两段数字组成，两段之间为一横线，其表示方法如图 2-1 所示。

图 2-1　设备编号图示

例如：建账顺序号为 20 的立式车床，从"设备统一分类及编号目录"中查出，大类别号为 0，分类别号为 1，组类别号为 5，其编号为 015—020；按同样方法，顺序号为 15 的点焊机，其编号为 753—015。

对列入低值易耗品的简易设备，也按上述方法编号，但编号前加"J"字，如砂轮机编号 J033—005，小台钻编号 J020—010 等。

对于成套设备中的附属设备，因管理需要予以编号时，可在附属设备的分类编号前标以"F"。

第二节 设备资产管理的基础资料

设备资产管理的基础资料包括设备资产卡片、设备编号台账、设备清点登记表、设备档案等。企业的设备管理部门和财会部门均应根据自身管理工作的需要，建立和完善必要的基础资料，做好设备资产的动态管理。

一、设备资产卡片

设备资产卡片是设备资产凭证，在设备验收移交生产时，设备管理部门和财会部门均应建立单台设备的固定资产卡片，登记设备的资产编号、固有技术经济参数及变动记录，并按使用保管部门的顺序建卡片册。随着设备的新增、移装、调拨和报废，卡片位置可以在卡片册调整补充或抽出注销。设备卡片见表2-3。

表2-3 设 备 卡 片

年　　月　　日（正面）

轮廓尺寸：长　　宽　　高			质量：　　　　t	
国别：		制造厂：	出厂编号：	
主要规格			出厂年月	
			投产年月	
附属装置	名称	型号、规格	数量	
			分类折旧年限	
			修理复杂系数	
			机　　电　　热	
资产原值	资金来源	资产所有权	报废时净值	
资产编号	设备名称	型号	精、大、稀关键分类	

（反面）

	用途	名称	形式	功率/kW	转速/(r/min)	备注
电动机						
变动记录						
年月	调入部门	调出部门		已提折旧		备注

二、设备台账

设备台账是掌握企业设备资产状况，反映企业各种类型设备的拥有量、设备分布及其变动情况的主要依据。设备台账一般有两种编排方式：一种是设备分类编号台账，以"设备统一分类及编号目录"为依据，按类组代号分页，按设备建账顺序排列，以便于对新增设备进行资产编号和分类分型号统计设备；另一种是按车间、班组顺序排列编制使用部门的设备台账，这种台账便于生产维修计划管理及年终设备资产清点。

对精、大、重、稀设备及关键设备，应另行分别编制台账。

企业于每年年末由财会部门、设备管理部门和使用保管部门组成设备清点小组，对设备资产进行一次现场清点，要求做到账物相符；对实物与台账不相符的，应查明原因，提出盈亏报告，进行财务处理，清点后填写设备清点登记表。

三、设备档案

设备档案是指设备从规划、设计、制造、安装、调试、使用、维修、改造、更新直至报废的全过程中形成的图样、方案说明、凭证和记录等文件资料，它汇集并积累了设备一生的技术状态。通过设备档案的管理，可为分析、研究设备在使用期间的使用状况，探索磨损规律和检修规律，提高设备管理水平，反馈设备制造质量等提供重要依据。属于设备档案资料的有：①设备规划阶段的调研、技术经济分析、审批文件等资料，设备选型的依据；②设备装箱单、合格证和检验单等，设备入库验收单、领用单和开箱验收单等；③设备安装质量检验单、试车记录、安装移交验收单及有关记录；④设备封存和启用单，设备调拨、借用、租赁等申请单和有关手续等资料；⑤设备历次精度检验记录、性能记录和预防性试验记录等；⑥设备故障记录、设备事故报告单；⑦设备保养计划、维修计划、保养记录、维修记录、维修完工验收单、维修费用记录等；⑧设备普查登记表及检查记录表；⑨设备改装、改造的申请单、任务书、过程记录、完工验收单等资料。

至于设备说明书、设计图样、图册、底图、维护操作规程、典型检修工艺文件等，通常都作为设备的技术资料，由设备资料室保管和复制供应，不纳入设备档案袋管理。

第三节　设备资产的动态管理

设备资产的动态管理是指设备由于安装验收和移交生产、闲置与封存、移装与调拨、借用与租赁、报废处理等情况引起的资产变动，需要处理和掌握所进行的管理。

一、设备的安装验收和移交生产

设备的安装验收和移交生产是设备构成期与使用期的过渡阶段，是设备寿命周期全过程管理的关键环节，其工作程序如图2-2所示。设备经安装调试各项指标达到技术要求后，要办理设备移交手续，填写设备移交验收单。

二、设备的封存与闲置设备的处理

工厂设备连续停用3个月以上可进行封存，封存分为原地封存和退库封存，一般以原地封存为主。对于封存的设备要挂牌，牌上注明封存日期。设备的封存与启用，均需由使用部门向企业设备管理部门提出申请，填写封存申请单，经批准后生效。设备封存后，必须做好设备防尘、防锈、防潮工作。封存时应切断电源，放净冷却水，并做好清洁保养工作，其零部件与附件均不得移作他用，以保证设备的完整。封存的设备严禁露天存放。

封存1年以上的设备，应作闲置设备处理。闲置设备指过去已经安装验收、投产使用而目前生产和工艺上暂时不需用的设备。闲置设备应设法及早利用起来，如移装到需要使用的其他部门。确实不需用的设备，可以租赁等形式及时处理给需要的单位。

三、设备的移装与调拨

设备移装是指设备在工厂内部的调动或安装位置的移动。凡已安装并列入固定资产的设备，车间不得擅自移位和调动，必须有工艺部门、原使用部门、调入部门及设备管理部门会签的设备移装调动审定单和平面布置图，并经分管厂长批准后方可实施。

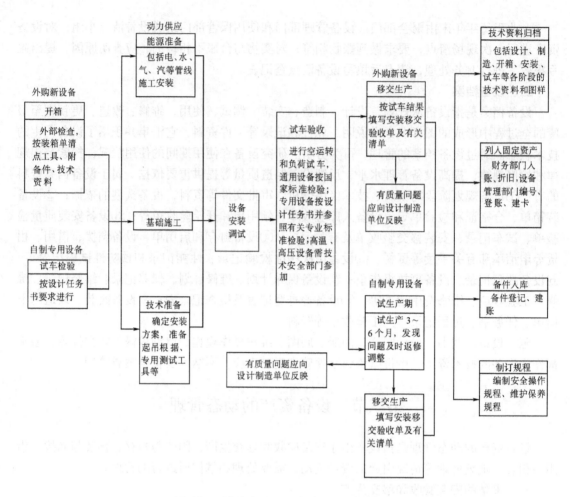

图 2-2　设备安装验收和移交生产工作程序图

设备调拨是指企业相互间的设备调入与调出，分为无偿调拨（随着市场经济体制的逐步完善，无偿调拨正在减少并趋于消亡）与有偿调拨两种形式。有偿调拨时，可按设备质量情况，由调出单位与调入单位双方协商定价。企业外调设备一般均应是闲置多余的设备。调出设备时，所有附件、专用备件、使用说明书等，均应随机一并移交给调入单位。由于设备调拨系产权变动的一种形式，所以应办理相应的资产评估和验证确认手续。

四、设备的借用与租赁

1. 设备的借用

设备的借用是指企业内部门之间设备的借入和借出。对于借用的设备，借出部门照提折旧，借入部门按月向借出部门缴纳相应的折旧费。借用设备的日常维修、预防性修理以及有关考核由借入部门负责。对长期借用的设备，应办理调拨手续和资产转移，以利于资产管理。

2. 设备的租赁

按租赁的目的和一次租赁投资的多少，设备租赁可分为融资性租赁和经营性租赁两种基本形式。

（1）融资性租赁　融资性租赁又称金融租赁，目前占国际租赁业的 2/3，是一种最主要的租赁形式。利用融资租赁方式筹措设备，由于出租方支付了全部设备资金，相当于为承租方提供了100%的信贷，因而被视为一项涉及设备的贷款业务。融资租赁具有以下特点：①融资租赁涉及三方当事人——出租人、承租人、供货商，由承租人委托出租人代为融资并购置由承租人选定的设备，然后根据双方签订的合同由供货商直接将设备交付给承租人使用；②由于拟租赁设备完全由承租方自行选定，因而该设备维修保养方面的责任均由承租人自行负责，承租方必须按时、足额地向出租人交纳租金，不得以任何方式拖欠或拒付；③租赁期内，租赁双方均不得中途取消合同，在基本租赁期内设备只能由一个特定的用户使用且租期较长，一般为3~5年，大型设备可达10年以上；④租赁期内，设备所有权始终属于出租方，使用权则归承租方。租赁期满时，承租方对设备有留购、续租或退租的选择权。常见的做法是以象征性名义货价将所有权转移给承租方。

（2）经营性租赁　经营性租赁是泛指融资性租赁以外的一切租赁形式。当企业租赁的设备是短期使用或所租赁的设备更新换代速度较快时，均可采用这一租赁形式。

五、设备的报废

设备在使用过程中，由于严重的有形磨损和无形磨损，不能继续使用而退役，称为设备的报废。凡符合下列条件之一者，应予以报废：①主要结构和零部件严重磨损，设备能效达不到工艺最低要求，经过预测，继续大修后技术性能仍不能满足工艺要求和保证产品质量，且无改造价值；②大修虽能恢复精度，但不如更新更为经济；③设备老化、技术性能落后、能耗高、效率低、经济效益差的；④严重影响环保安全，继续使用将会污染环境，引发人身安全事故与危害健康，且进行修复改造不经济；⑤按国家的能源政策规定应予以淘汰的高能耗设备；⑥因建筑结构改造或生产工艺路线变更，必须拆迁而不能拆迁者；⑦其他有关规定必须报废者。

设备的报废须按一定的审批程序进行，如图2-3所示。

六、设备的库存管理

设备库存管理包括设备到货入库管理、闲置设备退库管理、设备出库管理以及设备仓库管理等。

1. 设备到货入库管理

设备到货入库管理主要有以下环节：①开箱检查：新设备到货三天内，设备仓库必须组织人员开箱检查，首先取出装箱单，核对随机带来的各种文件、说明书与图样、工具、附件、备件等数量是否与装箱单相符，然后察看设备状况，检查有无磕碰损伤、缺少零部件、明显变形、尘砂积水、受潮锈蚀等情况；②登记入库：根据检查结果，如实填写设备开箱入库单；③补充防锈：根据设备防锈状况，对需要清洗重新涂防锈油的部位进行相应的处理；④问题查询：对开箱检查中发现的问题，应及时向上级反映，并向发货单位和运输部门提出查询，联系索赔；⑤资料保存：开箱检查后，仓库检查员应及时将装箱单随机文件和技术资料整理好，交仓库管理员登记保管，以供有关部门查阅，并于设备出库时随设备移交给领用单位的设备管理部门；⑥到货通知：对已入库的设备，仓库管理员应及时向有关设备计划调配部门报送设备开箱检查入库单，以便尽早分配出库。设备到厂时如使用部门现场已具备安装条件，可将设备直接送到使用部门安装，但入库及出库手续必须照办。

2. 闲置设备退库管理

闲置设备必须符合下列条件，经设备管理部门办理退库手续后方可退库：①属于企业不需要的设备，而不是待报废的设备；②经过检修达到完好要求的设备，领出后即可使用；③经过清洗防锈达到清洁、整齐要求的设备；④附件及档案资料随机入库；⑤持有计划调配部门发给的入库保管通知单。

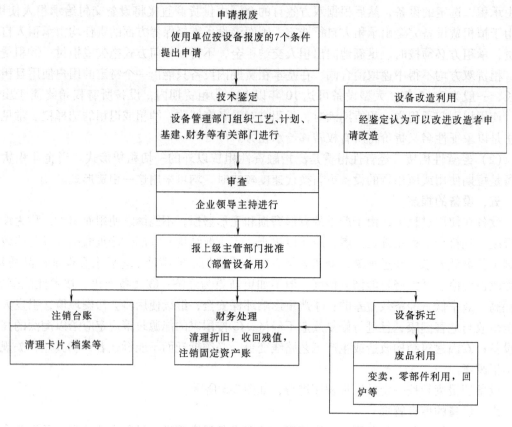

图 2-3　设备报废程序图

对于退库保管的闲置设备，计划调配部门及设备仓库均应专设账目，妥善管理，并积极组织调剂处理。

3. 设备出库管理

设备计划调配部门收到设备仓库报送的设备开箱检查入库单后，应立即了解使用部门的设备安装条件。只有在条件具备时，方可签发设备分配单。使用部门在领出设备时，应根据设备开箱检查入库单做第二次开箱检查，清点移交，如有缺损，由仓库承担责任，并采取补救措施。如设备使用部门安装条件暂不具备，则应严格控制设备出库，避免出库后因存放地点不合适而造成设备损坏或部件、零件、附件的丢失。

新设备到货后，一般应在半年内出库安装交付生产使用，使设备及早发挥效能，创造经济效益。

4. 设备仓库管理

1）设备仓库要做到按类分区，摆放整齐，横看成线，竖看成行，道路畅通，无积存垃圾、杂物，经常保持库容清洁、整齐。

2）仓库要做好防火种、防雨水、防潮湿、防锈蚀、防变形、防变质、防盗窃、防破坏、防人身事故、防设备损伤十防工作。

3）仓库管理人员要严格执行管理制度，坚持三不收发，即设备质量有问题尚未查清且未经主管领导作出决定的，暂不收发；票据与实物型号、规格数量不符且未经查明的，暂不收发；设备出、入库手续不齐全或不符合要求的，暂不收发。要做到账、卡与实物一致，定期报表准确无误。

4）保管人员按设备的防锈期向仓库主任提出防锈计划，组织人力进行清洗和涂油。

5）设备仓库按月上报设备出库月报表，作为注销设备库存台账的依据。

复习思考题

2-1 固定资产应具备什么条件？

2-2 设备租赁的形式有几种？各有何特点？

2-3 设备资产管理的基础资料有哪些？如何做好设备的仓库管理？

2-4 请为下列设备编号：

顺序号为 5 的立式钻床　顺序号为 16 的程控机床　顺序号为 4 的电动卷扬机　顺序号为 7 的金属切断机　顺序号为 12 的悬臂万能铣床　顺序号为 2 的对焊机

2-5 请说明下列编号的意义：

008—023 038—012 235—001 836—002

第三章 设备的前期管理

设备前期管理又称设备的规划工程,是指从规划到投产这一阶段的管理,主要包括设备投资规划的构思、调研、论证和决策;自制设备的设计和制造,外购设备的选型、采购、订货;设备安装、调试、试运转;效果分析、评价和信息反馈等。对设备前期管理各环节进行有效的安排、协调和管理,将对企业能否保持设备完好、不断改善和提高企业技术装备水平、充分发挥设备效能、取得良好的投资效益,起着关键性作用。这是因为:①投资阶段几乎决定了设备全部寿命周期费用的70%,对企业产品成本影响巨大;②投资阶段决定了企业的装备水平和系统功能,影响着企业生产效率和产品质量;③投资阶段决定了设备的适用性、可靠性和维修性,也影响到企业设备效能的发挥和利用率。

第一节 设备投资规划

所谓设备投资规划,就是根据企业的经营方针和目标,考虑生产发展和市场需求、科研、新产品开发、节能、安全、环保等方面的需要,通过调查研究,进行技术经济分析,结合现有设备的能力、资金状况,辅以企业更新、改造计划等具体情况而制定的中长期设备投资计划。它是企业生产发展的重要保证和生产经营总体规划的重要组成部分。

一、编制设备投资规划的依据

编制企业设备投资规划的主要依据有:生产经营发展的要求;设备的技术状况;国家政策(节能、节材)的要求;国家劳动安全和环境保护法规的要求;国内外新型设备的发展和科技信息;可筹集用于设备投资的资金。

对于投资资金的筹集,企业可以将生产发展基金用于购置固定资产、进行技术改造、开发新产品或者补充流动资金,也可以将折旧费、大修费和其他生产性资金合并用于技术改造或者生产性投资。

二、设备投资规划的内容

企业设备投资规划是企业生产经营发展总体规划的重要组成部分。设备规划主要包括企业设备更新规划、企业设备技术改造规划、企业新增设备规划。

1. 企业设备更新规划

企业设备更新规划是指用优质、高效、低耗、功能好的新型设备更换旧设备的筹划。企业设备更新规划必须与产品换代、技术发展规划相结合。对更新项目必须进行可行性分析,适应相关技术发展、更新后经济效益明显的设备才能立项。

2. 企业设备技术改造规划

设备技术改造是用现代化技术成果改变现有设备的部分结构,给旧设备装上新部件、新装置、新附件,改善现有设备的技术性能,使其达到或局部达到新型设备的水平。这种方法投资少、针对性强、见效快。

企业设备技术改造规划就是将生产发展需要、技术上可行、经济上合理的设备改造项目列入企业技术改造计划。

3. 企业新增设备规划

新增设备规划是指为满足生产发展需要，在考虑了提高现有设备利用率、设备更新和改造等措施后还需增加设备的计划。

三、设备投资的分析

设备投资涉及企业远景规划、经营目标和发展等重大事项，因此投资规划的制定必须建立在充分调查、论证的基础上，具有较强的说服力和可操作性。在实际工作中，企业的设备投资分析主要有以下内容。

1. 投资原因分析

1）对企业现有设备能力在实现生产经营目标、生产发展规划、满足市场需求等方面的情况进行分析。

2）依靠技术进步，提高产品质量，增强市场竞争能力，对企业设备技术状况陈旧而需要更新的原因进行分析。

3）对节约能源和原材料，满足环保与安全生产方面的新需要等原因进行分析。

2. 技术选择分析

技术选择分析主要是对新设备的技术规格与型号的选择。在设备购置的分析中，由设备技术主管部门会同相关部门，对提出的新设备的主要技术参数进行分析论证，并经讨论通过，正式向有关方面报送。

3. 财务选择

在立项报告中，必须对拟选购设备的经济性进行全面论述，并提出投资的具体分项内容（如整台设备购置费、配件订购费、运输费、安装调试费等），在综合分析计算后，本着使用成本低、投资效益好的要求进行论证。

4. 资金来源分析

经营性企业设备投资的资金来源，在我国现行经济体制下主要有以下渠道。

（1）政府财政贷款　在市场经济条件下，凡对社会发展有特别意义的项目，可申请政府贷款。

（2）银行贷款　凡属独立核算的企业投资项目，只要符合既定的审批程序和要求，银行将按规定准予办理贷款事项。

（3）自筹资金　企业的经营利润留成、发行债券和股票、自收自支的业务收入、资产处理收入等项资金均可以用于设备投资。

（4）利用外资　包括：①国际贷款，包括国际金融组织贷款和外国政府贷款；②吸收外商直接投资，包括中外合营、合资与独资等形式；③融资租赁和发行证券、股票等方式筹资；④补偿贸易。出口国（企业）以其设备技术、专利服务等形式向进口国（企业）提供贷款，待进口国（企业）建成后再以其产品或经双方商定的其他产品偿还出口国的贷款。

评价（或分析）企业的设备投资效果常用的方法主要有投资回收期法、成本比较法、投资收益率法。如果要考虑资金的时间因素，则计算方法又有动态与静态之分。分析设备投资效果的方法很多，本书不作介绍。

5. 设备租赁、外购和自制的技术经济分析

由于企业的生产设备逐步向大型化、精密化、自动化的综合方向发展，价格十分昂贵。

因此，有些资金短缺或为避免投资风险和压缩成本开支的企业，可采用租赁方式以达到设备使用目的，且较为经济。但采用设备租赁方式也有其弊端，即累计的租赁费用要高于开始租用时购买新设备的费用，特别是在租用期经营效果欠佳时，租金将是企业的沉重负担。

在通常情况下，凡属精度高、结构复杂、万能通用、生产标准件和部件设备，均以外购为宜，不宜自行设计制造。凡属与本企业生产作业线（流程工业）相配套的高效率设备，属非通用非标准的设备，则以自行设计制造为主。

四、设备投资规划的编制程序

设备投资规划就是按上述依据，通过初步的技术经济分析来确定设备改造、更新和新增规划的项目及进度计划。

首先，由设备使用部门、工艺部门和设备管理部门根据企业经营发展规划的要求，提出设备规划的项目申请表。对设备规划项目必须进行初步的技术经济分析，从几个可行方案中选择最佳方案。

其次，由总师办（总工程师办公室的简称，下同）或规划部门汇总各部门的项目申请表，进行综合平衡，提出企业经济效益和社会效益最佳的设备投资规划草案，送交计划、设计、工艺、质量、设备、安全、环保、财务、劳动教育、生产等部门会审。

最后，由总师办或设备规划部门根据会审意见修改规划草案，编制正式的设备投资规划，经主管副厂长（副总经理）或总工程师审查后报厂长（总经理）批准，再下达实施。

第二节　外购设备选型与购置

外购设备选型与购置，是实施企业设备规划的一个重要环节，对设备投资效益有着重要的影响。

一、外购设备选型的原则

（1）生产适用　所选购的设备应与本企业扩大生产的规模或开发新产品等需求相适应。

（2）技术先进　在满足生产需要的前提下，要求其性能指标保持先进水平，以利提高产品质量和延长其技术寿命。

（3）经济合理　即要求设备价格合理，在使用过程中能耗、维护费用低，并且回收期较短。

二、外购设备选型应考虑的问题

1. 设备的主要参数选择

设备的主要参数是决定其生产效率和影响企业经济效益的重要因素，主要包括设备的工作范围、工作效能、精度、性能以及设备外形尺寸。

2. 设备的可靠性和安全性

（1）设备的可靠性　设备的可靠性是指设备（含系统、零部件等）处于使用状态下，在规定的时间和条件下完成规定功能的能力。在实际中常用可靠度来表示设备的可靠性。可靠度是指设备、零部件在规定的条件下和预期的时间内实现其预期功能（如不出故障）的概率，它是时间的函数。可见选择设备时必须考虑使其主要零部件平均故障间隔期越长越好。

（2）设备的安全性　设备的安全性是设备对生产安全的保障性能，即设备应具有必要的安全防护设计与装置，以避免带来人、机事故和经济损失。

3. 设备的维修性和操作性

（1）设备的维修性　设备的维修性是指当设备发生故障时，通过维修手段使其恢复功能的难易程度，一般指以下三个方面：

1）设备的技术图样、资料齐全，便于维修人员了解设备结构，易于拆装、检查。

2）设备设计合理。在符合使用要求的前提下，其结构应力求简单，零部件组合标准化、互换性水平高，在线（现场）检测设计周到，检查拆卸较容易。

3）提供适量的备件或有方便的供应渠道。

（2）设备的操作性　设备的操作性属人机工程学范畴，总的要求是方便、可靠、安全，符合人机工程学原理，通常要考虑的主要事项有：

1）操作机构及其所设位置应符合劳动保护法规的要求，适合一般体型的操作者。

2）充分考虑操作者的生理限度，不能使其在法定的操作时间内承受超过体能限度的操作力、活动节奏、动作速度、耐久力等。例如操作手柄和操作轮的位置及操作力必须合理，脚踏板控制部位和节拍及其操作力必须符合劳动法规规定。

3）设备及其操作室的设计必须符合有利于减轻劳动者精神疲劳的要求。例如，设备及其控制室内的噪声必须小于规定值，设备控制信号、油漆色调、危险警示等都必须尽可能地符合绝大多数操作者的生理与心理要求。

4. 设备的环保与节能

工业、交通运输业和建筑业等行业设备的环保性，通常是指其噪声、振动和有害物质排放等对周围环境的影响程度。在设备选型时，必须要求其噪声、振动频率和有害物排放等控制在国家和地区标准的规定范围内。在选型时，无论哪种行业的企业，其所选购的设备都必须符合国家《节约能源法》规定的各项标准要求。

5. 设备的经济性

设备选型的经济性，其定义范围很宽，各企业可视自身的特点和需要从中选择影响设备经济性的主要因素进行分析论证。大体而言，设备选型时要考虑的经济性影响因素主要有初期投资、生产效率、耐久性、能源与原材料消耗、维护修理费用等。

三、设备选型的步骤

（1）预选　广泛搜集设备市场上货源的信息，如产品样本、产品目录、广告、用户和销售人员提供的情报，并进行分类汇编，从中初步筛选出可供选择的机型和厂家。

（2）细选　按初步筛选出的厂家和机型，直接进行产品咨询，其主要内容包括产品的各种技术参数、性能、精度、效能、加工范围、产品质量、信誉以及附件、价格、交货期等，将调查结果填写在设备货源调查表上，从中选择机型及交货期符合要求的二三个厂家。

（3）决策　在细选的基础上，有目的地同制造厂家协商、谈判，对机型结构、技术性能、可靠性、维修性等做深入了解并进行必要的性能试验，对设备附件、附具、图样资料、可能的技术服务等协商谈判并作出详细记录，作为最后选型择厂的依据。以上调查结果须经计划、工艺、设备和使用部门共同决策，必要时，还应组织有关部门或请咨询单位充分进行可行性论证，选出最优的机型和制造厂家作为第一方案，同时准备第二、第三方案以应订货情况变化之需，经主管领导和部门批准后定案。

四、设备的订购

对于价值较低的单台通用设备，一般是经过调研、选型分析后，直接向制造厂或经销商订货。对于专用设备、生产线、价值较高的单台通用设备以及国外设备，一般应采用招标方式订购，经过评议确定，与中标单位签订订货合同。

采用招标方式订购设备，主要是为了运用竞争机制，使资金得到有效的使用，确保设备的采购质量，降低投资风险，提高投资效益。招标可分为三种方式。

1）公开招标。包括国际性竞争招标（ICB）和国内竞争性招标（LCB）。

2）邀请招标。即不公开刊登招标广告，设备购买单位根据事前的询查，对国内外有资格的承包商或制造商直接发出投标邀请。这种形式一般用于设备购置资金不大，或由于招标项目特殊、可能承担的承包商或制造商为数不多的情况。

3）谈判招标。这是一种非公开、非竞争性招标，由招标人物色几家厂商直接进行合同谈判。一般情况下尽量不采用这种做法。

关于招标、投标工作的详细内容，国务院经济贸易办公室印发的《机电设备招标投标指南》可供参考。

五、设备到货验收

设备到货验收工作，是设备订货管理中的一个重要环节。尤其是订购国外设备，更要做好设备的到货验收工作。

1. 设备到货期验收

订货设备应按期到达指定地点，不允许任意变更。既不允许提前太多的时间到货，也不准延期到货。尤其是从国外订购的设备，影响设备到货期执行的因素较多，双方必须按合同要求履行验收事项。

2. 设备完整性验收

1）订购设备到达口岸（机场、港口、车站）后，订购企业派员介入所在口岸的到货管理工作，核对到货数量、名称等是否与合同相符，有无因装运和接卸等原因导致的残损，做好残损情况的现场记录，办理装卸运输部门签证等业务事项。

2）做好到货现场交接（提货）与设备接卸后的保管工作。无论是国内还是国外，应按国际咨询工程师协会（FIDIC）编写的订购设备合同进行，确保设备到达口岸后的完整性。

3）组织开箱检验。国内订货设备，开箱检查由设备采购、设备主管部门组织安装、工艺及使用部门参加。检查后作出详细检查记录，填写设备开箱检查验收单。

凡属引进设备或从国外引进的部分配套件（总成、部件），在开箱前必须向商检部门递交检验申请并征得同意后方可进行，或海关派员参与到货的开箱检查，检查的内容有：①到货时的外包装有无损伤；②开箱前逐件检查货运到港件数、名称是否与合同相符，并做好清点记录；③设备技术资料（图样、使用与保养说明书、备件目录等）、随机配件、专用工具、监测和诊断仪器、特殊切削液、润滑油料、通信器材等是否与合同内容相符；④开箱检查、核对实物与订货清单（装箱单）是否相符，有无因装卸或运输保管等方面的原因而导致设备残损。

4）办理索赔。索赔是订购企业按照合同条款中有关索赔和仲裁条件，向制造商和参与该合同执行的保险、运输单位索取所购设备受损后赔偿的过程。

第三节　自制设备管理

对于一些专用设备和非标准设备，企业往往需要自行设计制造。自制设备具有针对性强、周期短、收效快等特点。它是企业为解决生产关键、按时保质完成任务、获得经济效益的有力措施，也是企业实现技术改造的重要途径。

一、自制设备的管理范围

1）编制设计任务书。明确规定各项技术指标、费用概算、验收标准及完成日期。它用于监督设计制造过程，是自制设备验收的主要依据。

2）设计方案审查。审查内容包括设计计算书、设计图样、使用维修说明书、验收标准、易损件图样、关键部位的工艺等。

3）编制计划与费用预算表。

4）制造质量检查。

5）设备安装与试车。

6）验收移交，并转入固定资产。

7）技术资料归档。

8）总结评价。

9）使用信息反馈，为改进设计和修理、改造提供资料与数据。

二、自制设备设计时应考虑的因素

1）提高零、部件标准化，系列化，通用化水平。

2）提高设备结构的维修性。

3）使用先进的结构、材料、工艺，以提高零、部件的耐久性和可靠性。

4）注意采用状态监测、故障报警和故障保护措施。

5）尽量减少保养工作量。

三、自制设备的管理分工

1）使用或工艺部门根据生产发展规划提出自制设备申请。

2）设备部门、技术部门组织相关论证，重大项目由企业领导直接决策。

3）企业主管领导研究决策后批转主管部门（总师办或设备部门）立项，并确定设计、制造部门。

4）主管部门组织使用部门、工艺部门研究编制设计任务书，下达工作指令。

5）设计部门提出设计方案及全部图样资料。

6）设计方案审查一般实行分级管理：价格在5000元以下的由设计部门报主管部门转计划和财务部门；价格在5000~10 000元的由设计部门提出，主管部门主持，设备、使用（含维修）、工艺、财务、制造等部门参加审查后报主管厂领导批准；价格在10 000元以上的由企业主管领导或总工程师组织各有关部门进行审查。

7）设计或制造部门负责编制工艺、工装检具设计等技术工作。

8）劳动部门核定工时定额，生产部门安排制造计划。

9）制造部门组织制造。设计部门应派设计人员现场服务，处理制造过程中的技术问题。

10）制造完成后由质检部门按设计任务书规定的项目进行检查鉴定。

不具备设计、制造能力的企业可以委托外单位设计制造，一般工作程序如下：

1）调查研究，选择设计制造能力强、信誉好、价格合理、对用户负责的承制单位。大型设备可采用招标的方法。

2）提供该设备所要加工的产品图样或实物，提出工艺、技术、精度、效率及对产品保密等方面的要求，商定设计制造价格。

3）签订设计制造合同，合同中应明确规定设计制造标准、质量要求、完工日期、制造价格及违约责任，并应经本单位审计、法律部门（人员）审定。

4）设计工作完成后，组织本单位设备管理、技术、维修、使用人员对设计方案、图样资料进行审查，提出修改意见。

5）制造过程中，可派员到承制单位进行监制，及时发现和处理制造过程中的问题，保证设备制造质量。

6）造价高的大型或成套设备应实行监理制。

四、自制设备的完工验收

自制设备设计、制造的重要环节是质量鉴定和验收工作。鉴定验收会由企业主管领导（或总工程师）主持，设备管理、质检、设计、制造、使用、工艺、财务等部门的人员参加。鉴定验收会应根据图样中的技术规范以及设计任务书中所规定的质量标准和验收标准，对自制设备进行全面的技术经济鉴定和评价。验收合格后，由质检部门发给合格证，准许使用部门进行安装试用。经半年的生产使用，证明自制设备能稳定达到产品工艺的要求，设计、制造部门可以将设备及全套技术资料（包括装配图、零件图、基础图、传动图、电气系统图、润滑系统图、检查标准、说明书、易损件及附件清单、设计数据和文件、质量检验证书、制造过程中的技术文件、图样修改等文件凭证、工艺试验资料以及制造费用结算成本等）移交给设备管理部门，进行归口管理。财务部门和设备管理部门共同对设备制造中发生的费用与材料进行成本核算，并办理固定资产建账手续。对于因设计错误或制造质量低劣使设备不能按时投产者，要追究有关部门的经济责任，质量不稳定或不能正常使用的设备，不能转入固定资产。

第四节　设　备　安　装

按照设备工艺平面布置图及有关安装技术，将已到货并经开箱检查合格的外购设备或大修、改造、自制设备等安装在规定的基础上，进行调整以达到安装规范的要求，并通过试运转、验收使之满足生产工艺要求，以上工作统称为设备安装。

一、设备基础的准备

设备基础对设备的安装质量、设备精度的稳定性以及加工产品质量等均有很大影响。因此，必须重视设备基础的设计和施工质量，尤其是大型和精密机床的基础，要严格按国家《动力机器基础设计规范》的要求和随机技术文件要求进行设计和施工，附近有震源的，应做防震基础。

基础设计应根据动力机器的特性，合理选择有关动力参数和基础形式，做到技术先进、经济合理、确保正常生产。

一般设备基础检查的内容主要包括：基础混凝土的强度要求，基础的外形尺寸，基础面的水平度，中心线、标高、地脚螺栓孔的间距，混凝土内埋设件等。

二、设备安装与调整

1. 设备清洗

设备安装前，要进行清洗，应将防锈层、污物、水渍、铁屑、铁锈等清洗干净，并涂以润滑油脂。清洗机件的精加工面应使用棉纱、棉布和软质刮具，但清洗润滑、液压系统须用干净的棉布，不得使用棉纱，以防纱头落入堵塞油路。

2. 安装地脚螺栓

地脚螺栓一般都是随机带来，若没有时可自行设计，其规格应符合设计要求。

3. 安装垫铁

垫铁不仅要承受设备的重量，还要承受螺栓的锁紧力，因此要有足够的面积予以承重。

4. 设备就位调整

（1）整体设备就位调整　安装单机运转的设备，主要是调整水平，而对设备的安装方向、标高位置往往不作严格要求，一般只要求设备中心符合基础中心即可。对于有排列要求及多机联动设备的安装，则需要安装位置和标高都很准确。为此，需要在作基础时预先埋设钢带中心标板和标高基准点，作为设备找正的依据。

整机安装一般是将其吊运到设备基础上，垫好垫铁，装好地脚螺栓后，即可按说明书、设备安装规范或技术文件的要求进行调整。

（2）分体设备组装　对于大型复杂设备，一般采用交钥匙工程，由制造商现场组装。

（3）地脚螺栓孔二次浇灌混凝土　设备找正、调平后，要进行地脚螺栓孔二次浇灌混凝土。

5. 设备安装检验

注意安装完成后按有关技术文件所规定的检验项目逐项进行检查并做好记录。电气部分按《电气装置安装工程及验收规范》的有关规定进行检查。

三、设备试运转

设备的类型不同，其试运转的内容与检验项目各不相同，具体操作时应按照设备的安装说明书和相应的试运转规程进行。下面以机床设备和活塞式压缩机为例说明之。

（一）机床设备试运转

1. 试运转前的准备工作

1）再次擦洗设备，油箱及各润滑部位加够润滑油。

2）手动盘车，各运动部件应轻松灵活。

3）试运转电气部分。为了确定电动机旋转方向是否正确，可先摘下传动带或脱开联轴器，使电动机空转，经确认无误后再与主机连接。电动机传动带应均匀受力、松紧适当。

4）检查安全装置，保证正确可靠，制动和锁紧机构应调整适当。

5）各操作手柄转动灵活、定位准确，并将手柄置于停止位置上。

6）试运转中需高速转动的部件（如磨床的砂轮），应无裂纹和碰损等缺陷。

7）清理设备部件运动路线上的障碍物，并保持运转场地清洁。

2. 无负荷试运转

无负荷试运转应分部进行，由部件至组件，由组件至整机，由单机至全部自动线。启动时先点动数次，观察无误后再正式启动运转，并由低速逐级增加至高速。无负荷试运转是为了考察设备安装精度的保持性、稳固性以及传动、操纵、控制、润滑、液压等系统是否正常和灵敏可靠，其检查内容有：

1）由低速至高速逐级检查各种变速运转情况，每级速度运转时间≥2min。

2）在正常润滑情况下，轴承温度不得超过设计规范或说明书规定，一般主轴滑动轴承及其他部位≤60℃（温升≤40℃）；主轴滚动轴承≤70℃（温升≤30℃）。

3）设备各变速箱在运转时的噪声≤85dB，精密设备≤70dB，不应有冲击声。

4）检查机械、液压、电气系统工作情况及部件在低速运行或进给时的均匀性，不允许出现爬行现象，以检查进给系统的平稳性、可靠性。

5）检查各种自动装置、联锁装置、分度机构及联动装置的动作是否协调、正确。

6）各种保险、换向、限位、自动停车等安全防护装置是否灵敏、可靠。

7）整机连续无负荷试运转的时间应符合表3-1的规定，其运转过程中不应发生故障和停机现象，自动循环的休止时间≤1min。

表3-1　机床连续无负荷试运转时间

机床控制形式	机械控制	电液控制	数字控制	
			一般数控机床	加工中心
时间/h	4	8	16	32

3. 负荷试运转

负荷试运转主要是为了检验设备在额定负荷下的工作能力。负荷试运转可按设备公称功率的25%、50%、75%、100%的顺序分别进行。在负荷试运转中，要按规范检查轴承的温升，液压系统的泄漏，传动、操纵、控制、自动、安全装置工作是否正常，运转声音是否正常。

4. 设备的精度检验

在负荷试运转后，按随机技术文件或精度标准进行加工精度检验，应达到出厂精度或合同规定要求。金属切削机床在精度检验中，应按规定选择合适的刀具及加工材料，合理装夹试件，选择合适的切削参数。

设备完成各种运转检验后，要整理各项记录（见表3-2和表3-3），并对整个试运转作出准确的技术结论。

（二）活塞式压缩机的试运转

1. 试运转前的准备工作

1）检查气缸、机身、中体、十字头、连杆、气缸盖、气阀、地脚螺栓、联轴器等连接件的紧固情况，各处间隙是否符合要求。

2）检查各级气缸上下余隙是否达到规定标准。

3）安全防护装置是否齐全与良好。

4）液体冷却系统试压符合要求，并能使压缩机正常运转。

5）压缩机系统的附属设备及工艺系统管道安装、试压、清洗完毕。

6）各种测试仪表安装、试验合格。

7）拆去各级气缸上的气阀，并盖上外盖（必要时装上铁丝网）。

其他准备工作与机床设备试运转前的准备工作大致相同，不再赘述。

2. 无负荷试运转

（1）无负荷试运转的目的

表 3-2 设备试运转记录单

设备名称			型　号		主要规格		
使用车间			安装日期		制造厂名		
出厂编号			出厂日期		资产编号		
运转速度		低　速		中　速		高　速	
试运转		空载	负载	空载	负载	空载	负载
运转时间							
振动情况	机　身						
温　度	主轴轴承						
	电动机						
	离合器						
	油　温						
进给机构							
传动机构							
操纵机构							
液压、冷却、润滑系统							
气动及管道部分							
电气部分							
安装装置							
其他							
移交部门		使用部门		检查部门	设备管理部门		检验日期

注：本单填写一式四份，移交部门、使用部门、设备管理部门、设备档案室各一份。

表 3-3 设备安装质量及精度检验记录单

设备名称		型　号		规　格	
使用车间		安装日期		制造厂名	
出厂编号		出厂日期		资产编号	
安　装　质　量　记　录					
安装精度		安装垫铁		外观质量	

精　度　检　验　记　录					
序号	检验项目	允　差	实　　测		备　　注
			试运转前	试运转后	
结论					
移交部门	使用部门	质检部门	设备管理部门		检验日期

注：本单填写一式四份，使用部门、检查部门、设备管理部门、设备档案室各一份。

1）曲轴、连杆、十字头、活塞等各运动部件得到良好的磨合，以保证良好的配合。

2）检查润滑系统、冷却系统及各辅助系统的工作可靠性。

3）消除在无负荷试运转中出现的缺陷，为压缩机负荷运转创造条件。

压缩机无负荷试运转 5min 后，应停车检查，无异常情况，即可连续无负荷试运转 10min、15min、30min、1h、2h 等，各段停车检查有无故障，如无问题时，可连续无负荷试运转 8h，再行检查。在试运转过程中要填好运转操作记录。

（2）无负荷试运转应达到的标准

1）主轴承温升不应超过 55℃。

2）电动机温升不应超过 70℃。

3）密封器、中体滑道温升不应超过 60℃。

4）所有运动件、静止件等均无碰撞、敲击等异响。

5）油路、水路、各种密封件运转正常。

6）电器仪表无故障。

7）压缩机振幅在标准规定范围内。

3. 吹洗

压缩机无负荷运转后，即可进行吹洗工作，要求达到：

1）在吹洗过程中，应按时检查电动机、压缩机组、循环机组、冷却系统的运转情况及轴承温升情况，并做好记录。

2）吹洗过程中要经常用木锤轻敲吹洗的管道和设备，以便将脏物振落。

3）吹洗过程中经过的阀门必须全开或拆除（仪表、逆止阀与安全阀一定要拆除），以免损坏密封面或遗留脏物。

4）任何一级吹除的污染空气和脏物，不许带入下一级气缸、设备与管道内。不进行吹洗的气缸、设备与管道要加盲板挡住。

5）压缩机各级气缸吹洗时间通常为 1～2h，以吹洗干净为标准。

4. 负荷试运转

压缩机的负荷试运转，一般用空气进行。在负荷运转的同时，也进行气密性试验。通过负荷试运转，检查压缩机在正常工作压力下的气密性、生产能力以及各项工作性能是否符合规定要求。因此，负荷试运转是决定压缩机能否正式投入生产使用的关键。

在压缩机负荷试运转时，应逐步关闭储气罐排气阀门，使压缩机压力逐步提升，将排气压力调整到额定压力的 1/4 时，运转 1h；再调整到额定压力的 1/2 时，运转 2h；调整到额定压力的 3/4 时，运转 2h。在上述几种压力下运转并检查：

1）润滑油压力是否在规定的范围内（0.1～0.3MPa 或 0.1～0.5MPa）。

2）压缩机运转要平稳，无异常响声。

3）冷却系统正常，不能有气泡产生，排水温度最高不应超过 40℃。

4）所有连接处不松动，无漏气、漏水现象。

5）电动机工作正常。

6）各级排气温度不得超过允许范围，压力应正常。

7）进排气阀工作正常，安全阀灵敏可靠。

以上检查结果若处于正常状态，可进行满负荷试车。满负荷试运转第一阶段运转

10~20min，停车检查,如无异常情况，可进行第二阶段试运转，运转时间为 1h、2h、4~8h 至 24h，每次停车后进行检查，一切情况正常，试运转即告结束。

四、设备的验收与移交使用

设备安装验收工作一般由购置设备的部门或主管领导负责组织，设备、基础施工安装、质检、使用、财务部门等有关人员参加，根据所安装设备的类别按照《机械设备安装工程施工及验收通用规范》和各类设备安装施工及验收规范（如《金属切削机床安装工程施工及验收规范》、《锻压设备安装施工及验收规范》等）的有关规定进行验收。工程验收时，应具备下列资料：竣工图或按实际完成情况注明修改部分的施工图；设计修改的有关文件和签证；主要材料和用于重要部位材料的出厂合格证和检验记录或试验资料；隐蔽工程和管线施工记录；重要浇灌所用混凝土的配合比和强度试验记录；重要焊接工作的焊接试验和检验记录；设备开箱检查及交接记录；安装水平、预调精度和几何精度检验记录；试运转记录。

验收人员要对整个设备安装工程作出鉴定，合格后在各记录单上进行会签并填写设备安装验收移交单（见表3-4），办理移交生产手续及设备转入固定资产手续。

表 3-4　设备安装工程验收移交单

设备名称		型　　号		资产编号	
主要规格		出厂年月		制造号	
使用车间		制造厂		安装试车日期	

设　备　价　值			资料名称	张/份	备　注
出厂价值		元	说明书		
运杂费		元	图样资料		
安装费用	基础费	元	出厂精度检验单		
	动力配线	元	电气资料		
	安装费用	元	附件及工具清单		
	其　他	元			
管理费		元			
合　计		元			

检　查　情　况		
受　检　内　容	检　查　结　果	记录单编号
设备开箱检查验收		
安装质量及精度检验		
设备试运转		
产品、试件检查情况		

安装单位	使用部门	质量部门	设备管理部门	财务部门	移交日期

注：本单填写一式六份，财务部门两份、设备管理部门两份、设备档案室一份、安装单位一份。

五、设备使用初期管理

设备使用初期管理是指设备安装投产运转后初期使用阶段的管理，包括从安装试运转到稳定生产这一观察时期（一般为半年左右）内的设备调整试车、使用、维护、状态监测、故障诊断，操作和维修人员的培训，维修技术信息的收集与处理等全部工作。

加强设备使用初期的管理，是为了使投产的设备尽早达到正常稳定的良好状态，满足生产效率和质量的要求，同时可发现设备前期管理中存在的问题，尤其可及时发现设备设计与制造中的缺陷和问题并进行信息反馈，以提高新设备的设计质量，改进设备选型工作，并为今后的设备规划、决策提供可靠的依据。使用初期管理的主要内容有：

1）设备初期使用中的调整试车，使其达到原设计预期的功能。

2）操作和维修工人使用、维修的技术培训工作。

3）对设备使用初期的运转状态变化进行观察、记录和分析处理。

4）稳定生产、提高设备生产效率方面的改进措施。

5）设备的稳定性和可靠性检验。

6）设备精度是否达到设计规范和工艺要求。

7）设备的安全性和能耗情况。

8）开展使用初期的信息管理，制订信息收集程序，做好初期故障的原始记录，填写设备初期使用鉴定书、调试记录等。

9）使用部门要提供各项原始记录，包括实际开动台时、使用范围、使用条件、零部件损伤和失效记录，早期故障记录及其他原始记录。

10）对典型故障和零、部件失效情况进行研究分析，提出改善措施和对策。

11）对设备原设计或制造上的缺陷，提出合理化改进建议，采取改善性维修措施，消除设备先天缺陷。

12）对使用初期的费用与效果进行技术经济分析，并作出评价。

13）对使用初期所收集的信息进行分析处理：①属于设备设计、制造上的问题，向设计、制造单位反馈；②属于安装、调试上的问题，向安装、试车单位反馈；③属于需采取维修对策的，向设备维修部门反馈；④属于设备规划、采购方面的信息，向规划、采购部门反馈并储存备用。

复习思考题

3-1 设备前期管理的重要意义是什么？

3-2 设备前期管理有哪些主要工作内容？

3-3 编制设备规划的主要依据有哪些？

3-4 设备投资分析的主要内容有哪些？

3-5 试比较设备外购与租赁的经济性？

3-6 设备选型的基本原则是什么？

3-7 订购设备的招标方式有哪几种？

3-8 设备完整性验收有哪些主要内容？

3-9 简述自制设备的管理范围。

3-10 机床设备试运转需要做哪些检验？

3-11 设备使用初期管理的重要意义是什么？

第四章　设备的使用与维护

设备的正确使用和精心维护，是设备管理工作中的重要环节。机器设备使用期限的长短，生产效率和工作精度的高低，固然取决于设备本身的结构精度和性能，但在很大程度上也取决于它的使用和维护情况。正确使用设备，可以保持设备的良好技术状态，防止发生非正常磨损和避免突发性故障，延长使用寿命，提高使用效率；精心维护设备则对设备起着"保健"作用，可改善其技术状态，延缓劣化进程。为此，必须明确生产部门与使用人员对设备使用维护的责任与工作内容，建立必要的规章制度，以确保设备使用维护各项措施的贯彻执行。

设备的使用和维护工作包括：制定并完善设备技术状态完好的标准、设备使用的基本要求和设备操作维护规程，进行设备的日常维护与定期维护，开展设备点检、设备润滑、设备的状态监测和故障诊断、设备维修等方面的工作。本章只讲述设备的使用与维护方面的要求，其余内容将在另章专述。

第一节　设备的使用

设备在负荷下运转并发挥其规定功能的过程即为使用过程。设备在使用过程中，由于受到各种力的作用和环境条件、使用方法、工作规范、工作持续时间长短等因素影响，会使其技术状态发生变化而逐渐降低工作能力。要控制这一时期的技术状态变化，延缓设备工作能力下降的进程，除应创造适合设备工作的环境条件外，还要有正确合理的使用方法和允许的工作规范，控制设备的持续工作时间，精心维护设备。而这些措施都要由设备操作者来执行，他们直接使用设备，最先接触和感受设备工作能力的变化情况。因此，正确使用是控制设备技术状态变化和延缓设备工作能力下降的重要保证。

一、使用前的准备工作

新设备投入正常运行前，必须做好以下准备工作：

1）编制必要的技术资料。例如设备操作规程、设备档案、设备的润滑图表、设备的点检卡片、设备的定检卡片和设备操作保养袋。

2）配备必需的检查和维护工具。

3）全面检查设备的安装精度、性能及安全装置，向操作者点交设备附件。

二、设备的使用程序

1. 上岗前的安全教育

1）新工人在独立使用设备前，必须经过对设备结构性能、安全操作、维护要求等方面的技术知识教育和实际操作与基本功的培训。

2）应有计划地、经常地对操作工人进行技术教育，以提高其对设备进行使用维护的能力。企业中应分三级进行技术安全教育，即企业教育由教育部门负责，设备动力和技术安全部门配合；车间教育由车间主任负责，车间机械员配合；工段（小组）教育由工段长（小组长）负责，班组设备员配合。

3）经过相应技术培训的操作工人，要进行技术知识和使用维护知识的考试，合格者获操作证后方可独立使用设备。

2. 定人定机制度

使用设备应严格岗位责任，实行定人定机制，以确保正确使用设备和落实日常维护工作。定人定机名单由设备使用部门提出，一般设备经车间机械员同意，报设备管理部门备案。精、大、稀、重点设备经设备管理部门审查，企业分管设备的副厂长（总工程师）批准执行。定人定机名单审批后，应保持相对稳定，确需变动时，应按上述规定程序进行。多人操作的设备应实行机台长制，由使用部门指定机台长负责和协调设备的使用与维护工作。

3. 操作证管理制度

设备操作证是准许操作工人独立使用设备的证明文件，是生产设备的操作工人通过技术基础理论和实际操作技能培训，经考试合格后所取得的。凭证操作是保证正确使用设备的基本要求。

（1）设备操作证的效力和发放条件　设备操作证是操作者合法使用设备的唯一凭证，只有当操作者持有发证机关签发的设备操作证时，才准许独立操作指定编号、型号的设备。设备操作者必须是在册职工，并经过一定的基本理论学习和技术培训，熟悉该设备的结构和性能，掌握设备的操作维护规程，达到"三好""四会"标准，经考试合格并取得相应的操作证后，才能独立操作指定的设备。重点、特种设备必须由责任心强、有一定文化程度和技术熟练的职工操作，同时，该职工必须持有发证机关签发的相应操作证。操作人员如有变动，必须经主管人员批准才能执行。

（2）设备操作证的发放　操作工人需要操作新型号的设备时，必须由使用部门提出申请，设备管理部门组织，人事教育部门配合，对其进行理论知识和实际操作、维护等技能的考试和考核，合格后才能发给相应的操作证。设备操作证的种类有特种设备操作证、重点设备操作证、设备操作证和临时操作证，其发放程序和发放范围如下：①特种设备（包括起重运输设备、锅炉、压力容器、高压供电系统等）操作证由安全环保部门和设备管理部门在操作者通过考试合格后联合签发；②重点设备（一般指精密、大型、稀有、生产关键设备等对企业生产经营影响较大的设备）的操作工人由企业设备管理部门主考，其余设备的操作工人由使用单位分管设备的领导主考，考试合格后，统一由企业设备管理部门签发设备操作证；③学徒工、见习人员在实习培训期间，只能在持有设备操作证的师傅现场亲自指导下实习操作一种编号、型号的设备，同时发给临时操作证，有效期为一年，各种短期用工及特殊原因操作人员需要临时变动时，经考试合格后，可办理临时操作证，到期收回。技术熟练的工人经教育培训后，确有多种技能者，考试合格后可取得多种设备的操作证。

车间的公用设备不发操作证，但必须指定维修人员，落实保管维护责任，并随定人定机名单统一报送设备管理部门。

4. 设备操作的基本功培训

我国企业设备管理的特点之一就是实行"专群结合"的设备使用维护管理制度，该制度首先要求抓好设备操作的基本功培训，包括"三好""四会"和操作的"五项纪律"等。

（1）对设备操作工人的"三好"要求

1）管好设备。操作者应负责管好自己使用的设备，未经领导同意不准他人操作使用。

2）用好设备。严格贯彻操作维护规程和工艺规程，不超负荷使用设备，禁止不文明的操作。

3）修好设备。设备操作工人要配合维修工人修理设备，及时排除设备故障，按计划交修设备。

（2）对操作工人基本功的"四会"要求

1）会使用。操作者应先学习设备操作维护规程，熟悉设备性能、结构、传动原理，弄懂加工工艺和工装刀具，正确使用设备。

2）会维护。学习和执行设备维护、润滑规定，上班加油，下班清扫，经常保持设备内外清洁、完好。

3）会检查。了解自己所用设备的结构、性能及易损零件部位，熟悉日常点检、完好检查的项目、标准和方法，并能按规定要求进行日常点检。

4）会排除故障。熟悉所用设备特点，懂得拆装注意事项及鉴别设备正常与异常现象，会做一般的调整和简单故障的排除，自己不能解决的问题要及时报告，并协同维修人员进行排除。

（3）对设备操作工人的"五项纪律"要求

1）实行定人定机，凭操作证使用设备，遵守安全操作规程。

2）经常保持设备整洁，按规定加油，保证合理润滑。

3）遵守交接班制度。

4）管好工具、附件，不得损坏遗失。

5）发现异常立即停机检查，自己不能处理的问题应及时通知有关人员检查处理。

三、设备使用责任制

定人定机台账一旦确定，操作工人对所操作的设备即负有一定的责任。因此，必须明确使用设备的岗位责任制，其主要内容如下：

1）设备操作者必须遵守"三定一证"制度，严格按"四项要求"（整齐、清洁、润滑、安全）"五项纪律"等规定，正确使用、精心维护、合理润滑所操作的设备，使设备经常保持良好的技术状态。

2）设备操作者必须拒绝任何无证人员操作自己所操作的设备，拒绝执行违反操作规程和工艺规程的指令。

3）设备操作者应做到班前加油、正确润滑，班后及时清扫、擦拭、涂油，重点设备应进行点检，并认真做好记录。

4）积极参加"三好""四会"活动，搞好"三扫周检月评"（每班一次小扫，每周一次大扫，月底彻底清扫，周末抽查清扫情况，月底进行评比）工作，配合维修工人检查和修理自己所操作的设备。

5）管好设备附件。如因工作调动或变动操作的设备时，必须将完好的设备附件办理移交手续。

6）参加所操作设备的修理与验收工作。

7）发生设备事故时，应按操作规程规定采取措施，切断电源，保护现场，及时向车间和设备管理部门报告；分析事故时，应如实说明事故发生的经过。对违反操作规程等主观原因所造成的事故，应负直接责任。

四、交接班制度

交接班制度是指生产车间的操作工人在操作设备时交接班应遵守的制度。主要生产设备为多班制生产时，必须执行交接班制度，其主要内容如下：

1）交班人在下班前除完成日常维护外，必须将本班设备运转情况、运行中发现的问题、故障维修情况等详细记录在交接班记录簿上，并应主动向接班人介绍本班生产和设备情况，双方当面检查，交接完毕后在记录簿上签字。如属连续生产或加工不允许中途停机者，可在运行中完成交接班手续。

2）接班工人不能及时接班时，交班人可在做好日常维护工作的同时，将操纵手柄置于安全位置，并将运行情况及发现的问题详细地进行记录，交生产班长签字代接。

3）接班工人如发现设备有异常情况、记录不清、情况不明和设备未清扫时，可以拒绝接班。如因交接不清，设备在接班后发现问题，由接班人负责。

4）对于一班制生产的主要设备，虽不进行交接班，但也应在设备发生异常情况时填写运行记录，记载故障情况，特别是对重点设备必须记载运行情况，以便掌握设备的技术状态信息，为检修提供依据。

第二节 设备的维护

设备的维护是操作工人为了保持设备的正常技术状态，延长使用寿命所必须进行的日常工作，也是操作工人的主要责任之一。设备的维护工作做好了，可以减少停工损失和维修费用，降低产品成本，保证产品质量，提高生产效率，给国家、企业和个人都带来良好的经济效益。因此，企业必须重视和加强这方面的管理工作。

一、设备维护的要求

设备维护必须达到下面"四项要求"。

（1）整齐　工具、工件、附件放置整齐，设备零部件及安全防护装置齐全，线路、管道完整。

（2）清洁　设备内外清洁，无黄袍，各滑动面、丝杠、齿条等无黑油污、碰伤，各部位不漏油、漏水、漏气、漏电，切屑垃圾清扫干净。

（3）润滑　按时加油、换油，油质符合要求，油壶、油枪、油杯、油嘴齐全，油毡、油线清洁，油标明亮，油路畅通。

（4）安全　实行定人定机和交接班制度，熟悉设备结构，遵守操作维护规程，合理使用、精心维护、监测异状、不出事故。

二、设备维护的类别和内容

设备的维护分为日常维护和定期维护两类。

1. 设备的日常维护

设备日常维护包括每班维护和周末维护两种，主要由操作者负责进行，电气部分由维修电工负责。每班维护要求操作工人在每班生产中必须做到：班前对设备各部位进行检查，并按规定加油润滑，规定的点检项目应在检查后记录到点检卡上，确认正常后才能使用设备。设备运行中要严格按操作维护规程，正确使用设备，注意观察其运行情况，发现异常要及时处理，操作者不能排除的故障应通知维修工人检修并由维修工在"故障修理单"上做好检修记录，下班前 15min 左右时间认真清扫、擦拭设备，并将设备情况记录在交接班记录簿上，办理交接班手续。周末维护主要是要求在每周末和节假日前，用 1~2h 对设备进行较彻底的清扫、擦拭和涂油，并按设备维护"四项要求"进行检查评定，予以考核。

日常维护是设备维护的基础工作，必须做到制度化和规范化。

2. 设备的定期维护

设备定期维护是在维修工辅导下，由操作者进行的定期维护工作，是设备管理部门以计划形式下达执行的。两班制生产的设备约三个月进行一次，干磨多尘设备每月进行一次，其作业时间按设备复杂系数计算，视设备的结构情况而定。精密、大型、稀有关键设备的维护和要求另行规定。设备定期维护的主要内容是：

1）拆卸指定的部件、箱盖及防护罩等，彻底清洗、擦拭设备内外。

2）检查、调整各部配合间隙，紧固松动部件，更换个别易损件。

3）疏通油路，增添油量，清洗过滤器、油毡、油线、油标，更换切削液和清洗切削液箱。

4）清洗导轨及滑动面，清除毛刺。

5）清扫、检查、调整电气线路及装置（由维修电工负责）。

设备通过定期维护后，必须达到内外清洁，呈现本色；油路畅通，油标明亮；操作灵活，运转正常的要求。

近年来，设备的区域维护在部分企业得到了较好的推行。设备的区域维护又称维修工包机制。维修工人承担一定生产区域内的设备维修工作，与生产操作工人共同做好日常维护、巡回检查、定期维护、计划修理及故障排除等工作，并负责完成管区内的设备完好率、故障停机率等考核指标。区域维修责任制是加强设备维修、为生产服务、调动维修工人积极性、使生产工人主动关心设备保养与维修工作的一种好形式。

三、精密、大型、稀有、关键设备的使用维护要求

精密、大型、稀有、关键设备都是企业进行生产极为重要的物质技术基础，是保证实现企业经营方针目标的重点设备。因此，对这些设备的使用和维护除达到前述各项要求外，还必须重视以下工作。

1. 实行"四定"

（1）定使用人员　按定人定机制度，选择本工种中责任心强、技术水平高、实践经验丰富的职工担任操作者，并尽可能保持较长时间的相对稳定。

（2）定检修人员　对精密、大型、稀有、关键设备较多的企业，根据企业条件，可组织专门负责精密、大型、稀有、关键设备的检查、维护、调整、修理的专业修理组，如无此可能，也应指定专人负责检修。

（3）定操作维护规程　按机型逐台编制操作维护规程，置于设备旁的醒目位置，并严格执行。

（4）定维修方式和备件　根据设备在生产中的作用分别确定维修方式，优先安排预防维修活动，包括定期检查、状态监测、精度调整及修理等。对维修所需备件，要根据来源及供应情况，确定储备定额，优先储备。

2. 严格执行使用维护上的特殊要求

1）必须严格按设备使用说明书的要求安装设备，每半年检查调整一次安装水平精度，并做出详细记录，存档备查。

2）对环境有特殊要求（恒温、恒湿、防震、防尘）的高精度设备，企业要采取措施，确保设备精度、性能不受影响。

3）精密、大型、稀有、关键设备在日常维护中一般不许拆卸，特别是光学部件，必要时由专职修理工进行。运行中如有异常，要立即停车，通知检修，绝不允许带病运转。

4）严格按照规定加工工艺操作，不允许超性能、超负荷使用设备。精密设备只允许用于精加工，加工余量应合理。

5）使用的润滑油料、擦拭材料和清洗剂必须严格符合说明书的规定，不得随意代用。特别是润滑油、液压油，必须经化验合格，在加入油箱前必须经过过滤。

6）精密、稀有设备在非工作时间要盖上护罩，如长时间停歇，要定期进行擦拭、润滑及空运转。

7）设备的附件和专用工具，应有专柜架搁置，妥善保管，保持清洁，防止锈蚀或碰伤，并不得外借或作他用。

四、设备操作维护规程

设备操作维护规程是指导工人正确使用和操作维护设备的技术性规范。它包括设备的主要规格、加工范围、传动系统图、润滑图表、操作要领以及定期维护等内容，可按同类设备或单台设备制订。设备操作维护规程是属于操作技术方面的，安全规程是生产方面的，在一般情况下将两者合并，统称安全技术操作维护规程。每个操作者必须严格遵守设备操作维护规程，以保证设备正常运行，减少故障，防止事故发生。

1. 设备操作维护规程的制订原则

1）一般应按设备操作顺序及班前、班中、班后的注意事项分列，力求内容精练、简明、适用。属于"三好""四会"的项目不再列入。

2）要按设备类别、型号将设备结构特点、加工范围、操作注意事项、维护要求等分别列出，便于操作者掌握要点，贯彻执行。

3）各类设备具有共性的，可编制统一的标准通用规程。

4）重点设备、高精度、大型、稀有和关键设备，必须单独编制操作维护规程，并用醒目的标志牌板张贴显示在设备附近，要求操作者特别注意，严格遵守。

2. 操作维护规程的基本内容

1）班前清理工作场地，按设备日常检查卡规定项目检查各操作手柄、控制装置是否处于停机位置，安全防护装置是否完整牢靠，察看电源是否正常，并做好点检记录。

2）察看润滑、液压装置的油质、油量，按润滑图表规定加油，保持油液清洁，油路畅通，润滑良好。

3）确认各部位正常无误后，方可空车起动设备。先空车低速运转3~5min，查看各部位是否运转正常、润滑良好，然后方可进行工作。不得超负荷超使用设备。

4）工件必须装夹牢固，禁止在机床上敲击夹紧工件。

5）合理调整各部位行程撞块，定位正确、紧固合理。

6）操纵变速装置必须切实转换到固定位置，使其啮合正常，并要停机变速，不得用反车制动变速。

7）设备运转中要经常注意各部位情况，如有异常，应立即停机处理。

8）测量工件、更换工装、拆卸工件都必须停机进行，离开机床时必须切断电源。

9）设备的基准面、导轨、滑动面要加以保护，保持清洁，防止损伤。

10）经常保持润滑及液压系统清洁。盖好箱盖，不允许有水、尘、铁屑等污物进入油箱及电气装置。

11）工作完毕和下班前应清扫机床设备，保持清洁，将操作手柄、按钮等置于非工作位置，切断电源，办好交接班手续。

各类设备在制订操作维护规程时，除上述基本内容外，还应针对设备本身的特点、操作方法、安全要求、特殊注意事项等列出具体要求，便于操作者遵照执行。

五、设备维护的检查评比

企业设备维护工作应结合生产上经济技术承包责任制进行考核，并发动群众开展专群结合的维护活动，进行自检、互检和设备大检查。企业设备使用维护的检查评比，是在主管设备厂长的领导下，由设备动力部门按"整齐、清洁、润滑、安全"四项要求，以及"管好、用好、维修好"的原则，制订具体检查评分标准，定期组织检查评比活动。每次检查结果在企业及车间公布，并与奖惩挂钩，以推动文明生产和群众性维护活动的深入开展。这是保证设备正常运转，不断提高设备完好率的重要措施。

1. 检查评比的组织形式

1）企业成立设备使用维护状况检查评比领导机构，由负责设备工作的企业领导、设备动力部门、各车间负责设备的主任、机械员及有关人员组成，负责组织企业设备使用维护状况的检查与评定工作。

2）各生产车间成立设备使用维护状况检查评比小组，由车间主管设备的主任、机械员、生产组长、维修组长及设备群管员代表等组成，负责设备使用维护检查评比工作。

2. 检查评比的内容

1）车间内部的检查评比内容，主要是对设备操作者的合理使用及日常（周末）维护情况，按"四项要求"检查评定。某企业金属切削机床维护工作检查评分标准见表4-1。

表 4-1 某企业金属切削机床维护工作检查评分标准

项目	检 查 内 容	满分	项目	检 查 内 容	满分
清洁 40 分	1. 外观无灰尘、油垢，呈现本色	10	润滑 25 分	1. 油壶、油枪、油桶有固定位置、清洁好用	4
	2. 各润滑面和导轨、丝杠、齿条、镗杆等无油黑及锈蚀	15		2. 油箱、油质良好，无铁屑杂物	5
	3. 内部各润滑面及啮合件无油黑、油垢	4		3. 油孔、油嘴、油杯齐全，完整好用，油毡、油线、过滤器清洁，各滑动面润滑良好	6
	4. 所有盖罩内部无杂物、灰尘、油垢	3		4. 润滑油路畅通，切削液清洁	5
	5. 各部无"四漏"，周围地面干净	4		5. 油标醒目、明亮，油池有油，油线齐全，放置合理	5
	6. 所有电气装置内均无灰尘杂物	4			
整齐 20 分	1. 应有的螺钉、螺母、标牌、灯罩、手柄、手球等均齐全	4	安全 15 分	1. 定人、定机，有操作证，多班制生产有交接班簿，记录齐全	5
	2. 各手柄活动灵活，无绳索捆绑与附加物	4		2. 各限位开关、信号及安全防护装置齐全，灵敏可靠	5
	3. 附件、工具摆放整齐	4		3. 各电气装置绝缘良好，接地可靠，有安全照明	5
	4. 电气装置及线路完整、良好	4			
	5. 工件、毛坯、脚踏板摆放整齐、合理	4			

注：满分为100分，85分为合格。

2）企业（厂级）检查评比，以设备管理、计划检修、合理使用、正确润滑、认真维护等项目作为主要内容，具体检查内容如下：①检查设备管理工作情况，包括设备台账、各种报表、维修记录、交接班簿、设备操作证、设备操作维护规程及各项设备工作指标的完成和指示图表显示等情况；②检查设备预防维修的执行情况，包括设备点检、定期检查、状态监测、计划修理的完成情况和工作质量；③检查设备使用维护情况，包括日常维护、定期维护的执行情况及工作质量，各项维护记录，设备润滑及封存设备的保管情况；④检查使用部门设备完好的合格率；⑤检查设备故障率及事故情况。

检查评比以鼓励先进为主，推动设备管理工作深入开展。

对单台设备的操作工人，主要按"四项要求"和"三好""四会"原则进行评比。生产班组、机台以及个人，可采取周检月评，每周检查一次，每月进行评比，由车间负责，对成绩优良的班组和个人给予适当奖励。

开展"红旗设备竞赛"是搞好班组设备维护的一种好形式。执行设备管理制度好，按规定做好日常维护和定期维护，产品质量合格，各种原始记录齐全、可靠并按时填报，检查期内无任何事故，保持设备完好，符合竞赛条件者，可发给流动红旗。由车间采取月评比季总结的方法，并把评选红旗设备同奖励挂钩，以利于推动设备维护工作。

对车间的检查评比，由企业检查评比组负责，采取季评比、年总结的形式进行。对在设备管理、使用、维护、计划检修等方面成绩突出的，给予适当奖励，并授予"设备维护先进个人""设备维护先进机台（或小组）""设备管理和维修先进车间"等光荣称号。

"红旗设备"的评比条件如下：

1）产品产量、质量达到规定指标要求。

2）设备全面符合完好标准。

3）操作者严格遵守操作维护规程，认真执行日常维护和定期维护作业，每次评比均为优良。

4）严格执行设备管理的有关制度，如对设备的日常点检及记录，清扫擦拭及按规定润滑，交接班记录和规定的有关表单填报情况等。

5）检查期内无任何事故，设备故障停机率低。

复习思考题

4-1 "三好""四会"的具体内容是什么？

4-2 什么是操作者的"五项纪律"？

4-3 "四定"的具体内容是什么？

4-4 设备维护要达到什么要求？

4-5 简述设备维护的主要内容。

4-6 操作维护规程的编制有哪些基本原则？

第五章　设备的润滑管理

运转机械设备的摩擦副做相对运动时，由于摩擦的存在，使摩擦表面不断有微粒脱落，并导致表面性质、几何尺寸发生改变，这种现象称为磨损。磨损过程可分为初期磨损、稳定磨损和剧烈磨损三个阶段，如图 5-1 所示。由于制造和安装误差的影响，机件在运转初期磨损速度较快。在初期磨损阶段，机械设备通过运转自行调整（又称跑合），调整后磨损速度变缓，逐渐接近稳定磨损阶段。稳定磨损阶段的磨损速度缓慢而恒定，通常机械设备寿命的长短就是指稳定磨损阶段的长短。经过较长时间的稳定磨损之后，摩擦表面间的间隙和表面形状发生了改变，产生了疲劳磨损等现象，加快了磨损速度，直至摩擦副不能正常运转。

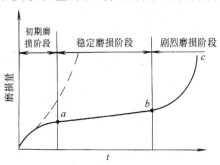

图 5-1　磨损的三个阶段

润滑的作用，就是在摩擦副之间加入润滑剂，形成润滑剂膜以承受部分或全部载荷，并将两表面隔开，使金属与金属之间的摩擦转化成具有较低剪切强度的油膜分子之间的内摩擦，从而降低运动时的摩擦阻力、表面磨损和能量损失，使摩擦副运动平稳，提高效率，延长机械设备的使用寿命。此外，润滑剂还可以降低摩擦表面的温度，冲洗掉污染物及碎屑，阻滞振动，防止表面腐蚀。

设备的润滑管理是用管理的手段，按照技术规范要求，实现设备的合理润滑并节省润滑成本，使设备安全、正常、高效地运行。设备的润滑管理包括：建立和健全润滑管理组织；制订并贯彻各项润滑管理工作制度；开展润滑工作计划与定额管理；强化润滑状态的技术检查以及做好废油的回收与再生利用等。设备的润滑管理是企业设备维护保养工作的重要组成部分，也是企业提高设备利用率，降低维修成本，保证生产持续、均衡进行的重要环节。

现代化设备正向超大型化、高度自动化（智能化）、高精度保持性、高生产效率、高速运行、高寿命方向发展，良好的润滑是保持其正常运转的基本条件。忽视设备润滑管理工作，会使设备故障与事故频繁发生，加速设备技术状态劣化，使产品的质量和产量受到影响。因此，加强企业的设备润滑管理工作，并把它建立在科学管理的基础上，对于促进企业生产的发展，提高企业的经济效益和社会效益，都有极其重要的意义。

第一节　润　滑　材　料

一、润滑材料分类

在机械设备的摩擦副之间加入的具有润滑作用的某种介质称为润滑材料，又称润滑剂。合理选择润滑剂是降低摩擦、减少磨损、保持设备正常运行的重要手段之一。按润滑剂的物质形态，可将润滑剂分为气体润滑剂、液体润滑剂、半固体润滑剂和固体润滑剂。

（1）气体润滑剂　采用空气、蒸汽、氮气等惰性气体作润滑剂，可使摩擦表面被高压气体分隔开，形成气体摩擦。

（2）液体润滑剂　包括矿物润滑油、合成润滑油、溶解油或复合油、液态金属等。

（3）半固体润滑剂　是一种介于流体和固体之间的塑性状态或高脂状态的半固体，包括各种矿物润滑脂、合成润滑脂和动植物油脂等。

（4）固体润滑剂　固体润滑剂可在高温、高负荷、超低温、超高真空、强氧化或还原、强辐射等环境条件下实现有效的润滑，突破了油脂润滑的有效极限。常见的固体润滑剂有石墨、二硫化钼和塑料等。

二、润滑油与润滑脂的质量指标

1. 润滑油的质量指标

润滑油（即液体润滑剂）是最常用的润滑剂，其主要质量指标有如下几项：

（1）粘度　粘度是液体受到外力作用流动时，在液体分子之间产生的内摩擦阻力的大小。粘度是润滑油的主要技术指标，大多数的润滑油是根据粘度来划分牌号的。润滑油的粘度越大，所形成的压力油膜越厚，承载能力越高，但其流动性变差，摩擦阻力增加。

（2）黏温特性　黏温特性是指润滑油的粘度随温度变化的程度。粘度随温度的变化越小，该油品的黏温特性越好。

（3）闪点　在一定条件下加热油品，油蒸气与空气的混合气体同火焰接触发生闪火现象的最低温度即为该油品的闪点。闪点是表示油品蒸发性的一项指标，油品蒸发性越大，其闪点越低。一般认为闪点比使用温度高 20～30℃ 即可安全使用。轻质油的闪点降低 10℃，重质油的闪点降低 8℃ 就应换油。

（4）酸值　中和 1g 油中的酸所需氢氧化钾的毫克数称为酸值。酸值越高，油品内所含酸性物质越多，越易氧化变质。对于新油，酸值是判断油品精制程度的方法，精制程度深，酸值就低。

（5）凝固点　在规定的试验条件下，试管内的试油冷却并倾斜 45°，经过 1min 后油面不再移动时的最高温度为凝固点。

油品凝固时将失去流动性和润滑性，对液压系统与润滑系统影响很大。凝固点是润滑油低温性能的参数指标，发动机所用润滑油的凝固点一般应低于其起动温度 10℃ 左右。

（6）机械杂质　指油品经溶剂稀释后再过滤，在滤纸上残留的固体物占试油的质量分数。这些杂质有砂粒、锈粒、金属末屑以及不溶于溶剂的沥青胶质和过氧化物等。

机械杂质是油品的重要指标之一。它能够破坏油膜，加剧零件表面的研损和早期磨损，堵塞油路和过滤器。变压器油中的机械杂质还会降低其绝缘性能。

（7）残炭　在不通空气的条件下加热油品，经蒸气分解生成焦炭状的残余物占试验油的质量分数为残炭值。残炭含量高，会加速机件磨损及堵塞油路系统。残炭值的高低是控制油品精制程度的一个商品指标。

（8）灰分　试验油完全燃烧后所剩的残留物即为灰分，用占试验油质量的百分数表示。灰分是评定润滑油、燃料油的主要质量指标。灰分大，易形成积炭和结焦，增加机件磨损。一般情况灰分高则积炭也高。

2. 润滑脂的质量指标

润滑脂是由基础油、稠化剂和改善性能的添加剂所制成的一种半固体的润滑剂，其中基础油的质量分数最多，占 70%～90%，是润滑作用的主要物质；稠化剂的质量分数约占

10%～30%，其作用是使基础油被吸附和固定在结构骨架之中；稳定剂的作用是使稠化剂和基础油稳定地结合而不产生析油现象。

润滑脂的主要质量指标有以下几项。

（1）锥入度　锥入度是衡量润滑脂稠度的一项指标。在规定负荷、时间和温度条件下，标准锥体沉入润滑脂的深度即为该润滑脂的锥入度。锥入度越大，润滑脂越稀、越软，反之则越稠、越硬。

润滑脂锥入度的大小随温度的变化而变化。优良润滑脂的锥入度随温度的变化值较小，不易流失和硬化。

（2）滴点　将润滑脂试样装入滴点计中，以规定条件加热，从脂杯中滴落下第一滴油时的温度称为滴点。润滑脂的滴点高低是决定润滑脂最高使用温度的指标之一。一般润滑脂的使用温度应低于滴点20℃以上，以免润滑脂变软或变稀而流失。

（3）皂分　润滑脂中脂肪酸皂的含量称为皂分。皂分越多，润滑脂越硬，内摩擦力越大，消耗的动力也多；皂分太少，润滑脂的骨架不稳，容易流失。

（4）安定性　润滑脂的安定性包括胶体安定性、化学安定性和机械安定性。胶体安定性是指润滑脂在贮存和使用中抑制析油的能力；化学安定性是指润滑脂抵抗氧化的能力；机械安定性是指润滑脂受到机械剪切时稠度下降，剪切作用停止后其稠度又可恢复的能力。

除此之外，润滑脂还有外观、水分、游离酸或碱、腐蚀性、保护性、流变性、抗水性等质量指标。

三、常用润滑油与润滑脂的品种

1. 常用润滑油的品种

（1）L-AN 全损耗系统用油　L-AN 全损耗系统用油（GB443—1989）系精制矿物润滑油，代替机械油使用，适用于一般全损耗润滑系统。

（2）主轴油　主轴油以精制的矿物油馏分为基础油，添加抗氧剂、防锈剂和抗磨剂等添加剂调制而成，主要适用于精密机床主轴轴承的润滑及其他以压力润滑、飞溅润滑、油雾润滑的滑动轴承或滚动轴承的润滑。

（3）L-HL 液压油　L-HL 液压油是一种具有良好抗氧和防锈性能的矿物型液压油，主要适用于机床和其他设备的低压齿轮泵、抗氧防锈的轴承和齿轮等，也用于镀银钢、铜摩擦副和青铜-钢摩擦副的柱塞泵或有精密伺服阀和过滤器的其他类型液压泵。

（4）L-HG 液压导轨油　L-HG 液压导轨油是一种具有良好的抗氧、防锈、抗磨和黏-滑性能的矿物型液压油，主要适用于各种机床导轨的润滑系统和机床液压系统。

（5）L-HM 抗磨液压油　L-HM 抗磨液压油具有良好的抗磨、抗氧、防锈、抗泡等性能，适用于中、高压液压系统。

（6）32SK-1 数控液压油　32SK-1 数控液压油以粘度指数较高的精制矿物油为基础油，具有抗磨、抗泡、防腐、增黏等性能，适用于数控机床液压系统。

（7）导轨油　导轨油以精制矿物油为基础油，加有抗氧、油性、防锈、黏附等添加剂，适用于各种精密机床导轨或冲击振动摩擦点的润滑，能降低机床导轨的"爬行"现象。

（8）工业齿轮油　工业齿轮油以精制的润滑油组分作基础油，加入抗磨、抗氧、防锈、抗泡沫等添加剂调制而成，适用于工业设备齿轮的润滑。

2. 常用润滑脂的品种

（1）钙基润滑脂　以动植物脂肪酸钙皂稠化矿物油制成，常用于电动机、水泵、拖拉机、汽车、冶金、纺织机械等中等转速、中低负荷的滚动和滑动轴承润滑。

（2）复合钙基润滑脂　以乙酸钙复合的脂肪酸钙皂稠化机油制成，具有较好的机械安定性和胶体安定性，适用于温度较高和潮湿条件下摩擦部位的润滑。

（3）铝基润滑脂　以脂肪酸铝皂稠化矿物油制成，具有很好的耐火性，用于航运机械的润滑和金属表面的防腐。

（4）钠基润滑脂　以脂肪酸钠皂稠化矿物油制成，适用于高、中负荷的机械设备润滑。

（5）钙钠基润滑脂　以脂肪酸钙钠皂稠化矿物油制成，广泛用于中负荷、中转速、较潮湿环境、温度在 $80\sim120℃$ 之间的滚动轴承及摩擦部位的润滑。

（6）钡基润滑脂　由脂肪酸钡皂稠化矿物油制成，具有良好的机械安定性、抗水性、防护性和粘着性，适用于油泵、水泵等的润滑。

（7）锂基润滑脂　以高级脂肪酸锂皂稠化低凝固点、中低粘度矿物油制成，适用于高低温工作的机械、精密机床轴承、高速磨头轴承的润滑。

（8）极压锂基润滑脂　具有良好的机械安定性、防锈性、抗水性、极压抗磨性等，适用于减速机等高负荷机械设备的齿轮、轴承的润滑。

（9）精密机床主轴脂　具有良好的抗氧化性、胶体安定性和机械安定性，适用于精密机床主轴和高速磨头主轴的润滑，按锥入度分为 2 号和 3 号两个牌号。

四、润滑油与润滑脂选择的依据

1. 润滑油选择的依据

设备说明书中有关润滑规范的规定是设备选用润滑油的依据。若无说明书而需由使用单位自选润滑油时，可从以下几个方面考虑。

（1）承载负荷　一般负荷越大，选用润滑油的粘度就越高。

（2）运动速度　摩擦副运动速度越高越易形成油楔，可选用低粘度的润滑油。若粘度过高，反而会增大摩擦阻力，导致温度升高。摩擦副低速运转时，靠油的粘度承载负荷，应选用粘度较高的润滑油。往复运动和间歇运动的速度变化较大时，不利于形成油膜，也应选用粘度较高的润滑油。

（3）工作温度　低温条件下工作，应选用粘度较低、凝固点低的润滑油。在高温条件下工作，应选用粘度和闪点高、氧化安定性好、有相应添加剂的润滑油。温度变化范围大时，选用黏温特性好的润滑油。

（4）工作环境　潮湿及有汽雾的环境，应选用抗氧化性强、油性及防腐性好的润滑油。

（5）润滑方式　循环润滑的换油周期长、散热快，应采用粘度较低、抗泡沫性和氧化安定性较好的润滑油。飞溅及油雾润滑，为了减轻润滑油的氧化作用，应选用加有抗氧化、抗泡沫添加剂的润滑油。

（6）摩擦副表面硬度、精度与间隙　表面硬度高、精度高、间隙小时选用粘度低的润滑油；反之，则选用粘度较高的润滑油。

（7）摩擦副位置　垂直导轨、丝杠的润滑油容易流失，应选用运动粘度较大的润滑油。

2. 润滑脂选择的依据

（1）运行状况

1）滚动摩擦选黏附性好、有足够胶体安定性的润滑脂，使其不易流失。

2）滑动摩擦选用滴点较高、黏附性及润滑性较好的润滑脂。

3）用脂泵集中润滑时，选用锥入度大、泵送性好的润滑脂。

4）低速重载选用锥入度小、黏附性好、具有极压性的润滑脂。

5）高速轻载选用锥入度大、机械安定性好的润滑脂。

（2）工作温度　选用润滑脂的滴点应高于最高工作温度20℃以上。

（3）工作环境　潮湿和有汽雾的环境选用抗水性强的润滑脂（钙基、铝基、锂基）；高温环境选用耐热性好的钠基脂或锂基脂；灰尘多的环境选用锥入度小和含石墨添加剂的润滑脂。

第二节　设备润滑方式与设备润滑图表

为将润滑剂送入各机械运动副摩擦面之间，以达到良好润滑的目的所采取的一切手段及物质保证，称为润滑方式及装置。良好的润滑方式及装置对于节约用油、降低零件磨损、延长设备使用寿命、提高企业经济效益，具有重要意义。

设备润滑图表是使设备润滑工作规范化、指导设备正确润滑的重要基础技术资料。

一、常用的润滑方式与装置

（1）手工加油润滑　利用便携式润滑工具，由设备操作人员定期给油杯、油嘴等润滑点加油。此润滑方式最简单，应用也最广泛。

手工加油润滑为间歇给油，油量供给不均匀，只适用于低速、低负荷、工况不苛刻的摩擦部位，如开式齿轮、链条、钢丝绳和导轨面等。

（2）油绳润滑　将油绳等浸入油中，利用油芯的虹吸作用吸油，并将润滑油连续供到摩擦面上，如图5-2所示。这种方法润滑均匀，对润滑油有一定的过滤作用，使用时要避免油绳与摩擦面接触，防止油绳被卷入摩擦面间。

（3）油环润滑　将油环套在轴上，当轴转动时靠摩擦力带动与油接触的油环旋转，由油环把油带到轴颈表面，达到润滑的目的，使用中注意保持油位。油环润滑常用于转速较高的滑动轴承，如电动机、机床及传动装置轴承的润滑。

（4）飞溅润滑　在密闭油箱内，依靠浸在油中的旋转零件或甩油盘、甩油片等将油溅散到润滑部位进行润滑，如图5-3所示，通常箱体内壁开有集油槽或加装挡油板，以保证充分润滑。飞溅润滑的润滑油可循环使用，油料消耗少，润滑效果好，广泛用于中小型齿轮减速器、机床主轴箱和空压机等的润滑。

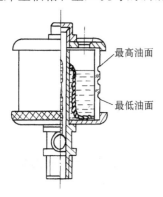

图5-2　油绳润滑

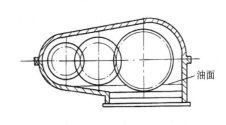

图5-3　飞溅润滑

（5）强制给油润滑 如图5-4所示，利用油箱上的小型液压泵将压力油送入润滑部位，润滑剂不再流回循环使用。机床导轨、丝杠、活塞式空气压缩机等多采用这种润滑方式。

（6）压力循环润滑系统 压力循环润滑系统能够为一台或多台设备的各个润滑部位提供润滑，其供油的压力、流量、温度均可控制，出现不正常现象时自动报警。这是一种较完善的润滑方式，我国从20世纪80年代开始生产，已逐步进入标准化、系列化阶段，在机床、矿山、冶金等设备中得到了较广泛的应用。

（7）油雾润滑 油雾润滑是一种比较新的润滑方式，通过油雾发生器使润滑油与压缩空气相碰撞，将油液吹散变成油雾，再经凝缩嘴把油雾凝缩成油滴，润滑摩擦表面，压缩空气还能带走摩擦热。如图5-5所示为油雾润滑装置示意图。

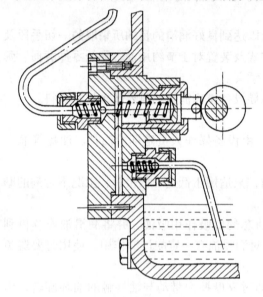

图5-4 强制给油润滑

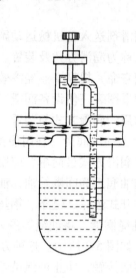

图5-5 油雾润滑装置

润滑脂的润滑方式有手动加脂润滑、集中润滑系统和喷射润滑等形式，其工作原理与润滑油的润滑方式与装置相近，具体情况可参阅有关资料。

二、设备润滑图表

设备润滑图表是指导操作工、维修工和润滑工对设备进行正确合理润滑的重要基础技术资料，它以润滑"五定"为依据，兼用图文显示出"五定"的具体内容。

1. 设备润滑图表的内容

1）润滑剂的品种、名称和数量。

2）润滑部位、加油点、油标、油窗、油孔和过滤器等。

3）标出液压泵的位置、润滑工具和注油形式。

4）标明换油期、注油期和过滤器清洗期。

5）注明适用本厂实际的润滑分工。

2. 润滑图表形式的选择

常用润滑图表一般有三种形式，即表格式、框式和图式，根据设备外观形状、润滑点在设备上的分布及集中分散情况确定设备应选择哪种形式的润滑图表。

（1）表格式润滑图表 如图5-6所示，这种形式的润滑图表可以较详细地提出润滑

"五定"要求。对于润滑部位不易在设备视图上表示清楚，或对添加润滑剂有一定要求的设备，可选用表格式润滑图表。

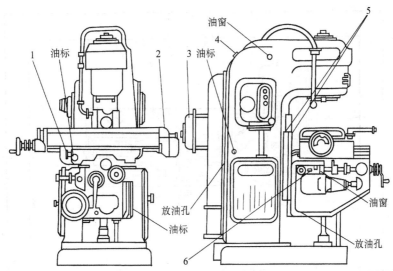

6	进给变速箱	油壶	L-AN46 全损耗系统用油	5	半年更换一次	润滑工
5	升降台导轨	油枪	L-AN46 全损耗系统用油	数滴	每班一次	操作工
4	主轴变速箱	油壶	L-AN46 全损耗系统用油	24	半年更换一次	润滑工
3	电动机轴承	填入	2 号锂基脂	2/3	半年更换一次	电修工
2	工作台丝杠轴承	油枪	L-AN46 全损耗系统用油	数滴	每班一次	操作工
1	手拉泵	油壶	L-AN46 全损耗系统用油	0.2	每班两次	操作工
序号	润滑部位	润滑方式	润滑剂	油量/kg	周期	润滑分工
五定	定　点		定　质	定　量	定　期	定　人

图 5-6　表格式润滑图表

（2）框式润滑图表　如图 5-7 所示，这种图表较为直观，润滑点比较集中的设备可采用框式润滑图表。

（3）图式润滑图表　如图 5-8 所示，这种图表清晰、直观，但因要求套色，制作成本较高。如果能用设备视图清晰地表示出全部润滑点的位置时，尽量采用图式润滑图表。

3. 编制润滑图表的要求

（1）统一格式　制图应符合国家标准《机械制图》的有关规定，图幅采用 A3、A4 两种。

（2）标准化、规范化　参照设备说明书中的润滑规范，按润滑"五定"要求编绘，要求图面清晰、引线有序、观看明白、便于记忆。

（3）简洁明了　以表达清楚、正确为准，视图应尽可能少。

4. 设备润滑的"目视管理"

为了使操作工、润滑工、维修工对具体设备润滑的"五定"一目了然，常用塑料薄膜制成润滑标记，粘贴在距润滑点约 10mm 处。这种直观方法的应用称为设备润滑的目视管理。

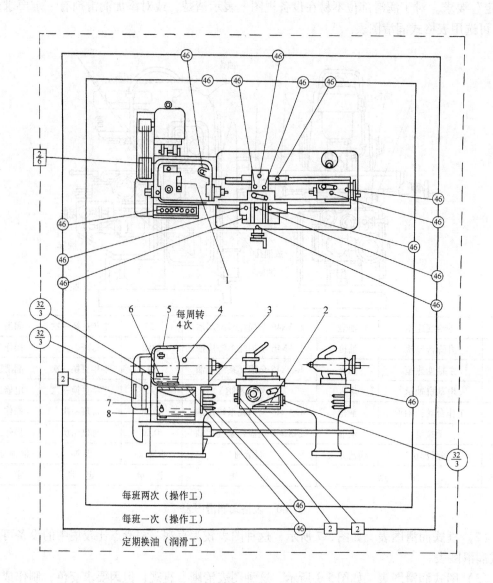

图 5-7　框式润滑图表

1—柱塞式油泵　2、3、8—放油孔　4—输油观察孔　5—片式过滤器

6—最高油面标准　7—油平面

——表示 L-AN46 全损耗系统用油　----表示 2 号锂基润滑脂

分子表示油类，分母表示换油期限（月）（两班制）

润滑标记的样式可由各厂自定，但在厂内应一致。推荐的统一标准如下：

1）圆形标记为润滑油，三角形标记为润滑脂。

2）圆的直径及三角形的边长均为 25mm。

3）红色表示由操作工加油，黄色表示由润滑工加油，绿色表示由维修电工加油。

4）标记中间按国家规定标准标出油脂牌号或统一代号，具体见表 5-1。

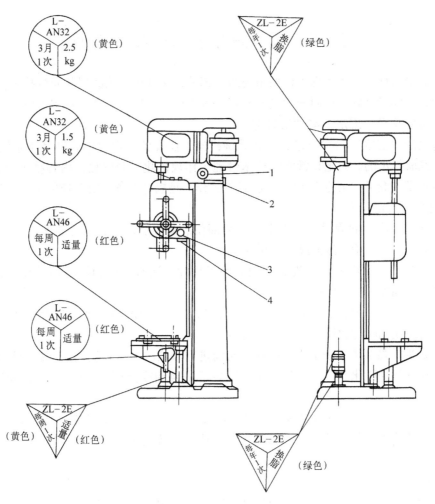

图 5-8　图式润滑图表
1、3—油标　2、4—放油孔

表 5-1　润滑图表符号意义

项　目	名　称	图　例	项　目	名　称	图　例
定点	标线指出		定期	加油时间	3月一次
定质	油牌号	L-AN32	定人	操作工	（红色）
	脂牌号	ZG-3		润滑工	（黄色）
定量	油的重量	2.5kg		维修电工	（绿色）

第三节　设备润滑管理的组织与制度

设备润滑管理是设备管理工作的重要组成部分，它利用摩擦磨损与润滑技术，通过管理的职能使设备润滑良好，从而减少设备故障，减少设备磨损，提高设备利用率。

一、设备润滑"五定"与"三过滤"

设备润滑"五定"与"三过滤"是我国机械工业设备管理部门总结多年来润滑技术管理的实践经验提出的。它把日常润滑技术管理工作规范化、制度化，内容精练，简明易记。贯彻与实施设备润滑"五定"和"三过滤"工作，是搞好设备润滑工作的重要保证。

1. 润滑"五定"

（1）定点　根据润滑图表上指定的润滑部位、润滑点、检查点（油标、油窗）等，实施定点加油、换油，检查液面高度及供油情况。

（2）定质　按照润滑图表规定的油脂牌号用油。润滑材料和掺配油品须经检验合格，润滑装置和加油器具必须保持清洁。

（3）定量　按润滑图表上规定的油、脂的数量对各润滑部位进行润滑，做好添油、加油和油箱清洗换油时的数量控制及消耗定额。

（4）定期　按润滑图表上规定的间隔时间进行添油、加油和换油。对贮油量大的油箱，按规定时间进行抽样化验，视油质状况，确定清洗换油或循环过滤以及下次抽验和换油时间。

（5）定人　按润滑图表上的规定，明确操作工、维修工、润滑工对设备日常加油、添油和清洗换油分工，各负其责，互相监督，并确定取样送检人员。设备润滑分工原则一般为：

1）操作工负责每周加油（脂）或多次监视油窗来油及油位等。

2）润滑工负责为贮油箱定期添油，清洗换油，向机动、手动润滑泵内添加油脂，为输送链、装配带等共同设备定期加油（脂），按计划取油样送检等。

3）维修工负责润滑装置与过滤器的修理，负责大修与检修中拆卸部位的清洗换油（脂）及治理漏油等。

2. "三过滤"

"三过滤"亦称"三级过滤"，是为了减少油液中的杂质含量，防止尘屑等杂质随润滑油进入设备而采取的措施，包括入库过滤、发放过滤和加油过滤。

（1）入库过滤　润滑油经运输入库泵入油罐贮存时要经过过滤。

（2）发放过滤　润滑油发放注入润滑容器时要经过过滤。

（3）加油过滤　润滑油加入设备贮油部位时要经过过滤。

二、设备润滑管理的基本任务

1）根据企业设备管理的方针、目标，确定设备润滑管理的方针和目标。

2）建立健全设备润滑管理的组织机构，拟定设备润滑管理的规章制度，建立各级润滑管理人员的工作职责，正常开展企业设备润滑管理工作。

3）绘制润滑工作所需的各种技术管理资料，绘制润滑管理用图表。

4）实施润滑"五定"和"三过滤"，使设备得到正确、合理、及时的润滑。

5）做好设备润滑状态的定期检查与监测工作，及时采取改进措施，完善润滑装置，治理设备漏油，杜绝油品浪费。

6）收集新油品信息，逐步做到进口设备用油国产化，做好短缺油品的代用和掺配工作。

7）组织废油的回收、再生和利用。

8）组织润滑工作人员进行技术培训，学习国内外润滑管理先进经验，推广应用润滑新技术、新材料和新装置，不断提高企业润滑管理工作的水平。

三、设备润滑管理的组织形式

为实施设备润滑管理工作，企业应根据生产规模和生产类型，合理设置相应的润滑组织形式，配备具有专业技术知识和工作能力的润滑技术人员和工人。

1. 大型企业的润滑管理组织形式

对大型企业和车间分散的中型企业，可实行二级管理，即设置厂级设备部门和分厂（车间）设备管理维修部门两级。其特点是由厂级负责统筹安排、对外联系、对内指导、协调和服务；分厂（车间）负责现场润滑管理。

2. 中型企业的润滑管理组织形式

中型企业的车间与厂房一般比较集中，厂区不大，其润滑管理多采用集中的形式，即由设备动力科一管到底。中型企业的润滑组织形式及工作关系如图 5-9 所示，图中实线表示行政领导关系，虚线表示业务联系关系。

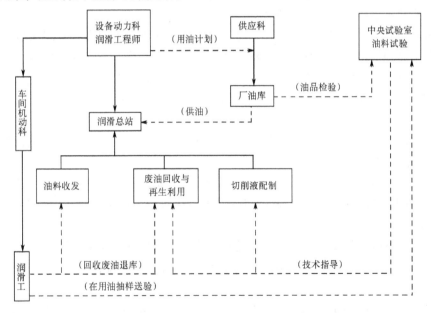

图 5-9　中型企业的润滑组织形式及工作关系图

3. 小型企业的润滑管理组织形式

小型企业一般由供应科（股）所属的厂油库兼管润滑站的职能，设备动力科（股）可不设润滑站，车间（工段）不设分站。

4. 润滑工作人员的配备

一般企业在设备管理部门内设置专职润滑技术员，大型企业应配备润滑工程师，而润滑工可根据企业设备总机械修理复杂系数的多少进行配备。

润滑工程技术人员应受过高职以上机械或摩擦学润滑工程专业的教育，能够正确运用润滑材料，掌握有关润滑新材料、新技术的信息，并具备操作一般油品的分析和监测，鉴定油品优劣程度的能力，能不断改进企业设备润滑管理工作。润滑工是技术工种，除掌握润滑工应有的技术知识外，还应具有五级以上维修钳工（原八级工制中的二级工或初级工）的技能。

四、设备润滑管理制度

为使设备润滑管理工作有章可循，避免混乱，企业应建立健全各项设备润滑管理制度。

1. 润滑材料供应的管理制度

1）供应部门根据设备管理部门提供的年度或季度润滑材料申请计划，按时、按质、按量采购供应。

2）润滑材料进厂后，应经检验部门按油品质量指标抽样化验合格后方可入库。

3）润滑材料按其品种、牌号用专用容器盛放入库，容器应封盖严密，不得露天堆放。

4）做好润滑材料入库、发放的登记统计工作。

5）润滑材料库存1年以上，应由检验部门重新化验，未合格者严禁发放使用。

2. 润滑站管理制度

1）油库的各种设施必须符合有关安全规程规定，按特级防火区要求设置防火设施。

2）油桶实行专桶专用，标明牌号，分类存放，封盖严密。

3）严格执行油品"三过滤"制度。

4）做好收发油品的登记统计工作，每月定期按要求汇总上报设备管理部门。

5）保持站内清洁整齐，地面无油液，所用的贮油箱（桶）每年至少清洗一两次。

6）有条件的企业要进行废油再生工作，再生油经化验合格后方可发放使用。

7）按工艺要求配置切削液，并由中央试验室进行业务指导，定期检查其质量的稳定性。

8）对站内润滑工具、器皿及油品、油质、油量，应定期（如一季度）进行检查。

3. 设备清洗换油制度

1）采取集中维修管理的企业，由企业设备管理部门润滑技术员编制设备清洗换油计划；采取分级维修管理的企业，由车间机械员编制设备清洗换油计划，并抄送设备管理部门润滑工程师。

2）设备清洗换油计划应尽量与设备的定期维护和修理计划相结合进行编制。

3）新设备和大修后的设备，第一次清洗换油时间一般安排在运行30个班次之后，以后纳入正常换油周期。

4）对容油量大的油箱（油池）进行计划换油前，应先抽样化验，如油质未达到换油指标规定，则可延长油品使用时间。

5）设备清洗换油工作一般以润滑工为主，操作工与维修钳工必须配合，车间设备员或润滑技术员检查验收，并按规定填写设备换油卡片。

4. 废油回收及再生管理制度

1）企业所有废油应统一回收，集中处理，防止浪费及污染环境。

2）废油回收和再生工作应严格按下列要求进行：①回收的废油必须去除明显的水分和

杂质；②不同种类的废油应分别回收保管；③污染程度不同的废油或混有切削液的废油，应分别回收保管，以利于再生；④贮存废油的容器应有明显的标志，防止混淆，并封盖严密，防止灰砂及水混入油内；⑤废油再生场地应清洁整齐，安全防火；⑥再生油经化验合格后方可发放使用；⑦废油回收、再生，再生油发放均应记录在账，按日定期汇总上报企业设备管理部门。

五、润滑管理用表

1. 设备换油卡片

设备换油卡片由润滑技术人员编制，润滑工记录，供检查贮油部位正常油耗与非正常泄漏情况以及换油周期的执行情况用，见表5-2。

表5-2　设备换油卡片

设备编号、名称			型号、规格			所在车间		
贮油部位								
油（脂）牌号								
代用油牌号								
贮油量/kg								
换油周期/月								
换油及添油记录（换油标记为△）	日期	油量/kg	日期	油量/kg	日期	油量/kg	日期	油量/kg	日期	油量/kg

2. 年度设备清洗换油计划表

表5-3为年度设备清洗换油计划表，由润滑技术人员或计划员编制。

表5-3　年度设备清洗换油计划表

序号	设备编号	设备名称	型号规格	贮油部位	用油（脂）牌号	储油量/kg	开动班制	最后一次换油时间	计划换油月份					执行人	验收签字	备注
									1	2	3	…	12			

1）根据设备换油卡片的记载资料，以最后一次换油时间为准，参照换油周期的规定和设备的开动班制，确定各台设备的清洗换油月份。

2）计划预修设备按检修月份编排一次换油计划。

3）当计划换油月份与计划预修月份相差不超过两个月时，应将计划换油时间调整到计划预修月份来编排清洗换油计划。

4）每次换完油都应在年度设备清洗换油计划表中予以注明。

3. 月清洗换油实施计划表

月清洗换油实施计划表是润滑工执行清洗换油工作的依据，由润滑技术人员或计划员参照年度换油计划编制，维修润滑工实施，见表5-4。

4. 年、月换油台次、换油量、维护用油量统计表

表 5-5 为年、月换油台次、换油量、维护用油量统计表，按车间、班组汇总统计，其作用是：为编制年、月用油量计划提供总需用量；参考平衡年度换油计划，使月换油量大致平衡；对计划与实际用量进行对比分析。

表 5-4 月清洗换油实施计划表

序号	设备编号	设备名称	型号规格	贮油部位	用油牌号	代用油品	换油量/kg	清洗材料		工时/h		执行人	验收签字	备注
								名称	数量	计划	实际			

表 5-5 年、月换油台次、换油量、维护用油量统计表

月份	换油台次		换油量/kg		维护用油量/kg		用油量合计/kg		备注
	按年计划	实际	按年计划	实际	按年计划	实际	按年计划	实际	
1									
2									
...									
12									
全年									

5. 润滑材料需用申请表

润滑材料需用申请表由企业设备管理部门的润滑技术管理人员负责汇总编制，供各分厂（车间）有关人员向设备管理部门提送用油量计划时使用，见表 5-6。

表 5-6 润滑材料需用申请表

序号	材料名称	牌号	生产单位	需用量/kg					单价/元	总金额/元	备注
				全年	一季度	二季度	三季度	四季度			

6. 年、季度设备用油、回收综合统计表

年、季度设备用油、回收综合统计表是按油品牌号进行季用量及年总用量的综合统计表，可与年度润滑油需用申请表作比较，又可为编制下年度需用量计划作参考，见表 5-7。

表 5-7 年、季度设备用油、回收综合统计表

润滑材料		全年		一季度		二季度		三季度		四季度		备注
名称	牌号	使用	回收	使用	回收	使用	回收	使用	回收	使用	回收	

六、润滑工作岗位责任制

要搞好设备的润滑工作，一方面要建立规章制度，做到有章可循；另一方面要明确有关

人员的岗位职责，并认真履行。

1. 润滑工程师、技术员的职责

1）组织全厂设备的润滑管理工作，拟订各项管理制度、各级人员职责及检查考核办法。

2）编制润滑规程、润滑图表和有关润滑技术资料，供润滑工、操作工和维修工使用。

3）负责设备润滑油的选用和变更，对进口设备应做好国产油品的代用和用油国产化，暂时无法做到的，应向供应部门提出订购国外油品的申请计划。

4）分析和处理设备润滑事故与油品质量问题，向有关部门提出改进意见，并检查改进措施的实施情况和效果。

5）组织治理设备漏油，制订重点治漏方案，检查实施进度与效果。

6）指导润滑站工作。

7）学习掌握国内外设备润滑管理工作经验和新技术、新材料、新装置的运用情况，组织推广和业务技术培训。

2. 润滑工的职责

1）熟悉管辖范围内所有设备的润滑系统、所用油品及需用量，掌握设备的润滑状态。

2）贯彻执行设备润滑"五定"管理制度与"三过滤"的规定。

3）按规定巡回检查设备，及时做好设备添加油工作；发现设备润滑装置的缺陷，应及时修复、补齐；发现漏油应及时治理。

4）督促操作工对设备进行正确的日常润滑。

5）按设备清洗换油计划，在设备操作工或维修工的配合下，负责做好设备清洗换油工作，设备油箱油量应定期抽样送检。

6）每台设备油箱的换油量和耗油量要登记到设备换油卡上。回收的废油及时退库，每月统计上报。

7）配合润滑技术人员做好新材料、新技术的推广与使用工作。

复习思考题

5-1 设备的润滑管理有什么重要意义？

5-2 摩擦力在机械运动副中起不良作用的主要表现有哪些方面？

5-3 机械运动副磨损过程可分为几个阶段？可以采用哪些措施延长机械运动副的使用寿命？

5-4 简述润滑油脂的质量指标和选择依据。

5-5 常用的润滑方式有哪些？各有什么特点？

5-6 试比较润滑技术人员与润滑工在设备管理工作中的具体职责。

5-7 设备润滑管理工作中的润滑"五定"和"三过滤"的具体内容是什么？

5-8 设备润滑图表包括哪些内容？编制润滑图表的要求及注意事项有哪些？

第六章 设备的技术状态管理

设备技术状态是指设备的技术性能、负荷能力、传动机构和安全运行等方面的实际状态及其变化情况。反映设备技术状态的主要指标有设备完好率、故障停机率和设备对均衡生产影响的程度等。设备的技术状态确立于设备的设计制造阶段，受当时的经济和技术可能性的限制，在使用过程中又受生产性质、加工对象、工作条件及环境等因素的影响。对企业来讲，设备技术状态的良好与否，直接关系到企业产品的质量、数量、成本和交货期等经济指标能否顺利实现。

第一节 技术状态管理概述

设备技术状态管理是指设备在投入使用后，为保持其完好的技术状态所采取的一系列技术、经济、管理措施的总称。设备技术状态管理的目的，是保持和改善设备固有的技术性能，防止或减少故障和异常的发生。

设备技术状态管理为正常的生产秩序提供了基本保证，并通过大量生产实际所取得的各种技术、经济信息，为设备整个寿命周期的全过程管理提供了分析、决策的依据。所以，设备管理不管发展到什么程度，始终是以技术状态管理为主要内容展开的。设备管理水平的高低，也总是以设备技术状态管理为主要内容来体现的。

一、设备技术状态完好的标准

设备完好是指设备处于完好的技术状态，它是我国在 20 世纪 70 年代末设备管理整顿期间提出的一项主要评价和考核指标，评定的内容在整齐、清洁、润滑、安全的基础上，增加了设备技术特性指标（出厂状态或工艺要求）。

1. 设备技术状态完好的总要求

1）设备性能良好。机械设备的精度能稳定地满足生产工艺的要求；动力设备的功能达到原设计或规定标准，运转无超温、超压等现象。

2）设备运转正常，零部件齐全，安全防护装置良好，磨损、腐蚀程度不超过规定的标准，控制系统、计量仪器仪表和润滑系统工作正常。

3）原材料、燃料、润滑油、动能等消耗正常，基本无漏油、漏气（汽）、漏电现象，外表清洁、整齐。

设备完好的具体标准，应能对设备作出定量分析和评价，由各行业主管部门根据总的要求，结合行业设备特点制定，作为本企业检查设备完好的统一尺度。目前，各行业已对各类设备制定出了具体的完好标准，详细内容可参见有关资料。

2. 设备完好率

企业生产设备技术状态的完好程度，以"设备完好率"指标进行考核，企业应经常进行设备完好率的专项检查。设备完好率 φ 的计算式如下

$$\varphi = \frac{主要生产设备完好台数}{主要生产设备总台数} \times 100\% \qquad (6\text{-}1)$$

机械修理复杂系数大于 5 的已安装生产的设备为企业的主要生产设备，包括备用、封存和在修的生产设备，但不包括尚未投入生产、由基建部门或物资部门代管的设备。

企业设备完好台数应是逐台检查的结果，不得采用抽查和估算的方法推算。正在检修的设备，应按检修前的实际技术状态计算，检修完的设备按修后技术状态计算。《"九五"全国设备管理工作纲要》中规定，大、中型企业主要生产设备完好率应稳定在 90% 以上。

当企业或车间的设备完好率已达到规定的目标时，必须经常检查该单位是否能保持这个设备完好率的水平。抽查完好设备的方法是在已报的完好设备中随机抽查一部分。完好设备的抽查合格率用 β 表示为

$$\beta = \frac{抽查合格台数}{完好设备抽查台数} \times 100\% \qquad (6\text{-}2)$$

抽查合格率达到规定指标时（一般 $\beta \geq 90\%$），才能认可所报的完好率。

表 6-1 为某企业月主要生产设备技术状况统计表。

表 6-1　某企业月主要生产设备技术状况统计表

填报单位：

使用部门	设备拥有量/台	计划设备完好率（%）	主要生产设备技术情况						备注
			完好台数/台	完好率（%）	带病运转/台	停机待修/台	次数：	其中：重大事故	
〰〰〰									
合　计									
其中 部关键设备									
大型设备									
高精度设备									

主管领导：　　　　　填表：　　　　　报出日期：　　　年　　月　　日

二、技术状态管理

设备的技术状态反映了设备在生产活动中的存在价值和对生产的保证程度，是设备的精度和性能的集合。在设备的使用阶段，由于工作负荷、工作条件和环境的作用，其原始技术状态会发生变化，工作能力不断损耗。也就是说，随着时间的推移，设备的技术状态总是要变坏的，通常我们称之为设备的劣化。为制止劣化的发展，人们的行动形成了一个对抗过程（反劣化过程），即维护、修理、改造的过程。

设备技术状态管理应包括以下五项内容。

（1）立标　建立各种状态管理的原始依据，主要包括性能指标、检查标准、管理标准和评价标准。

（2）保持　按照设备的性能标准，开展积极的维护保养工作，以保持其原有性能，延缓劣化过程。

（3）监控　采取各种手段，及时获得设备技术状态变化的信息，并通过与原始指标对比分析，掌握和研究设备的异常与故障。

（4）评价　对获得的技术状态信息进行分析处理，针对不同的要求，对其异常状态进

行定性或定量的评价，为维持或改进其技术状态的各种对策措施提供依据。

（5）对策　为改善设备的异常状态和补偿磨损而采取相应措施。

1. 技术状态管理标准的建立

（1）技术标准

1）设备的原始性能指标。即设计规定的技术规范、能力指标、精度指标和运行特性等。

2）生产工艺要求。指按设备特定的实际工艺要求所确定的有关技术特性指标。

3）寿命指标。指按设备综合效益的预期目标，考虑设备的有形磨损、无形磨损、合理补偿等因素确定的设备使用年限。

4）设备状态信息特征参数指标。指在使用过程中进行故障和异常检测，进行技术状态评价所需要的对照标准。

（2）工作标准

1）设备操作规程。

2）设备维护保养规程。

3）设备检修规程。

4）设备状态检查和监测规程。

（3）管理制度和标准

1）有关的规章制度，如维护保养，计划检修，事故和故障管理，重点设备管理，区域维修以及各种与之相应的考核考查办法等。

2）工作规范，即有关基础工作的内容、形式和流程等，作为工作质量考查的依据。

2. 设备技术状态的保持

1）正确使用设备，是控制设备技术状态变化和延缓其工作能力下降的首要事项。

2）按照规定的检查标准、周期和检查方法对设备的状态进行检查和监测，可以早期发现异常和故障隐患。

3）设备的维护是保持设备正常的技术状态、延长设备使用寿命所必须进行的日常工作。

4）合理的维修策略，能延缓设备状态的劣化过程，恢复或提高设备的技术状态。

3. 设备技术状态的评价

1）开展设备检查，包括定期检查、完好率检查、精度检测和特种容器检测等。

2）故障分析和处理。

3）对设备状态的评定和分析。

设备技术状态评定的目的，是为了判定设备是否能继续使用。如不符合继续使用的条件，就需采取相应的对策和措施，以求改进设备的技术状态。有关设备技术状态的定量评价方法详见有关资料。

三、技术状态的监测

状态监测是指对运转中的设备整体或局部的技术状态进行的定期检测。状态监测的目的是及时掌握设备的实际技术状态，以便对设备技术状态的劣化采取恢复措施。

状态监测一般需使用专门仪器工具，并按一定的监测点进行间断或连续检查，定量掌握设备的异常征兆和劣化动态，较之定检更能精确地判断设备的技术状态，预知性更强。通常监测仪器通过传感器取得信号，并对取得的信号进行波形或频谱分析，再对照标准型谱，判明损伤部位、形式和原因，以便适时采取相应的维修措施。监测手段则根据设备在生产中的重要程度和其结构特性以及经济上的合理性作出决策。

1. 状态监测的分类

状态监测从做法上分为两大类，即主观监测和客观监测。主观状态监测由操作者、维修人员凭感官和经验对设备技术状态进行检验和判断，其可靠性取决于人的技能和经验。客观状态监测则是利用各种工具、监测仪器和监测系统对设备进行检测，以获得技术状态的有关参数、图像等准确信息，其可靠性取决于仪器的可靠性、仪器的操作和数据处理的正确与否。

按监测时设备是否运转分为动态监测和静态监测；按监测与时间的关系分为连续监测、间断监测和定期监测等。

2. 状态监测的应用

状态监测自20世纪60年代初发展以来，已由原来以手工操作为主的携带式仪器设备，逐步发展为具备了中文菜单、电脑通信、数据处理、高亮度显示、大容量存储、高精度、智能化等集成功能，系统化、自动化的在线监测和分析系统更能全面捕获运行状态下的变化信息，应用也日益广泛。以下是设备状态监测技术的应用。

（1）振动的监测　造成设备的振动和噪声的原因较多，主要是由于零件加工或装配中的偏心、弯曲以及材质的不均衡和由于支承轴承的磨损、损坏或齿轮磨损、疲劳剥离、齿面点蚀等因素的影响，因此，根据测定的振动幅值或振动速度，就能识别和判断设备的运行状态。振动监测属于动态监测的一种。

用振动监测法监测和判断主要轴承的磨损状态较为常见。例如用脉冲振动测量仪监测滚动轴承，能测出滚动体的磨损和点蚀所造成的运转中的最大冲击振动量，也可测出轴承圈滚道的磨损和润滑不良造成的运转中的地毯值的振动量，从而绘制出振动量和时间的变化曲线，及时掌握和判别轴承磨损的过程和故障发生的可能性。

（2）裂纹的监测　目前已广泛采用的裂纹监测方法有渗透探伤、磁粉探伤、电磁感应探伤、X射线探伤和超声波探伤等无损检测技术，都是利用物理的方法对零件材料的隐蔽缺陷和损伤进行探测，同时又不损伤零件机体。通常无损检测是在停机拆卸状态下实施的，属于静态监测。

无损检测可以鉴别先天性基体材料缺陷、加工缺陷及使用中产生的缺陷。无损检测不仅用于设备维修，也广泛用于机械制造、改进工艺、提高产品可靠性等许多技术领域，特别是动力设备、压力容器、冶炼及化工等设备。目前常用的各类无损检测设备有多通道超声波自动探伤系统、数字超声探伤仪、裂纹深度测试仪、X射线探伤机、磁探钳和涡流探伤仪等。

（3）润滑油的监测　又称润滑油样分析法。润滑油在机器中循环流动，必然携带着机器中零部件运行状态的大量信息。这些信息可提示机器中零件磨损的类型、程度，预测机器的剩余寿命，从而进行计划性维修。

油样分析工作分为采样、检测、诊断、预测和处理五个步骤：①采样。采集能反映当前机器中各零部件运行状态的油样，即油样应具有代表性。②检测。对油样进行分析，测定油样中磨损残渣的数量和粒度分布，初步判定机器的磨损状态是正常磨损还是异常磨损。③诊断。如果机器属于异常磨损时，则还需进一步诊断，确定磨损零件和磨损类型（如磨料磨损、疲劳剥落等）。④预测。预测处于异常磨损状态的机器零件的剩余寿命和今后的磨损类型。⑤处理。根据所预测的磨损零件、磨损类型和剩余寿命，对机器进行处理，即确定维修方式、维修时间以及确定需要更换的零部件等。

目前常采用的润滑油样分析法有光谱分析法、铁谱分析法和磁塞法。后两种方法主要适用于观测铁磁性材料零件的磨损情况。

（4）温度的监测 温度的异常往往是故障的前兆。轴承磨损或润滑不良、电气设备绝热层破坏、炉衬损伤等均会使温度超常。

常用的测温方法和手段很多，一般的测温仪有非接触型辐射式的，也有接触型的，其感温器常以电阻式和热电偶式居多。温度指示漆、温度指示笔、温度指示带等使用极为方便，可直接贴放于温度监测部位，如电动机、变压器、机床主轴轴承、油池等。红外技术的应用促进了测温仪的发展，如红外热像仪可在电视屏幕上映出温度图像，显示出温度分布情况。图像可以记录、摄像，灵敏度极高，并能在大面积上确定缺陷的位置，快速、安全、经济，可用于检查各种配电装置，以防止断电事故；检测各种炉窑、反应堆、管道、容器等的内衬缺陷、残渣沉积、液面高度、泄漏等；检查电气故障，如接触不良、绝缘缺陷等。

（5）泄漏的监测 管道损坏和泄漏不仅损耗能源，还会造成严重污染。对管道上细小的泄漏或对于埋在地下要迅速检测出来的泄漏，不仅要有灵敏的仪器，还要有长期积累的判断经验。

泄漏监测的简易办法有，用肥皂水探测一般管道的泄漏；用甲烷灯探测氟利昂的泄漏；用氨水棉花球探测氯气的漏泄；用触媒燃烧器检测管道、暗沟、容器及其他设备的可燃气和蒸汽的泄漏；用声学检漏仪捕捉气体或液体泄漏时所发出的声信号或超声信号等。此外，还有灵敏度更高的氦质谱仪、红外分光仪、热传导探测器、气体检测仪以及利用超声原理制造的超声波检漏仪等。

（6）频闪观测仪 频闪观测仪能在可调时间间隔内产生极短促的闪光，将闪光照射到转动着的机件上。调整单位时间的闪光次数与转动件的转数一致，则闪光总能照射到机件相同的位置上。由于人眼的视觉停留作用，便可形成运动件"固定不动"的现象。

利用频闪观测仪可观测运转中的零部件是否有缺陷，如联轴器橡胶衬套是否磨损或两半体是否错位；检查机件运动速度或频率；调整机件平衡；检查机件上温度带颜色的变化；对铆接、螺纹联接、焊接等连接部分涂密封漆，用频闪观测仪观测其是否松动或出现裂纹；高速摄像等。

（7）监测系统 监测系统是多种监测手段的综合系统，能较全面地对设备实施监测。如水内船体自动扫描、飞机发动机性能趋向监测、船舶振动监测系统等。监测系统主要应用于安全性、可靠性要求很高的情况下。

第二节 设备的点检

设备的点检是指按照一定标准、一定周期对设备规定的部位进行检查，以便及早发现设备故障隐患，及时加以修理调整，使设备保持其规定功能的一种设备管理方法。值得指出的是，设备点检制不仅仅是一种检查方式，而且是一种制度和管理方法，是重要的维修活动信息源，是做好修理准备、安排好修理计划的基础。

设备点检中所指的"点"，是指设备的关键部位。通过检查这些"点"，能及时、准确地获得设备技术状况的有关信息。点检管理的要点是：实行全员管理，专职点检员按区域分工管理。点检是按照一整套标准化、科学化的轨道进行的，是动态的管理，并且要与维修相结合。

一、设备点检的分类

按照点检的周期和业务范围，点检分为日常点检、定期点检和专项点检。

1. 日常点检

设备日常点检是由设备操作工人和维修工人每日执行的例行维护作业。检查的方法是，利用人的感官、简单工具或装在设备上的仪表和信号标志，如压力、温度、电流、电压的检测仪表和油标等来感知和观测。日常点检的目的是为了及时发现设备异常，保证设备正常运转。

点检应严格按专用的点检卡片进行，检查结果记入标准的日常点检卡中。点检卡的内容应包括检查项目、检查方法和判别标准等，并以各种符号进行记录。一些进口设备往往由制造厂家提供专用点检卡。表 6-2 和表 6-3 所示为某企业卧式车床日点检表和桥式起重机周点检卡的一部分。

表 6-2 卧式车床日点检表

车间		班组		资产编号			设备型号			班组长			操作者 A			操作者 B		
		点 检 内 容				1	2	3	4	5	6	7	8	9	10	11	12	13	…	31
1	传动系统无异常响声																			
2	各手柄操作灵活，定位可靠																			
3	正反转及制动性能良好																			
4	各变速箱油量在油标刻线以上																			
5	主轴变速箱开机时油镜显示供油正常																			
6	光杠、丝杠、操纵杆表面无拉伤研伤																			
7	各导轨润滑良好，无拉伤																			
8	各部位无漏油，冷却系统不漏水																			
9	油孔、油杯不堵塞，不缺油																			
10	无缺损零件																			

交班	1		4		7		本月点检发现问题		处
问题	2		5		8		本月维修解决问题		处
记录	3		6		9		其 他		

| 检查方法 | 看、试、听 | | 检查周期 | 每天 | 重大问题处理意见 | | | | 记录 | 正常 | 异常 | 已修好 |
| | | | | | | | | | 符号 | ✓ | × | ◎ |

机械员： 年 月 日

表 6-3 桥式起重机周点检作业卡

周点检计划卡	单元：初轧区域：初轧区		点检者							日期	自 20 年 月 日至 月 日		
设备名称	部 位	点检项目	内 容	星 期							点检标准	异常记录	备注
				1	2	3	4	5	6	7			
普通桥式起重机	横行轨道	钢轨	龟裂或损伤	●	●	●	●	○	○	○	无龟裂或损伤		
		螺钉	松动或折损	●	●	●	●	○	○	○	无松动或折损		
			脱落	●	●	●	●	○	○	○	无脱落		
		轨条压板	折损	●	●	●	●	○	○	○	无折损		
	运转室	构件	龟裂或变形	▲	▲	▲	▲	△	△	△	无异状或变形		
		螺钉	松、脱、损	▲	▲	▲	▲	△	△	△	无松、脱、损		
		轴承	异音	●	●	●	●	○	○	○	无异音		
			发热	●	●	●	●	○	○	○	40℃以下		
			振动	▲	▲	▲	▲	△	△	△	无异常振动		

注：点检记录标记 ○—运行中的点检；△—停止时的点检；●—已完成运动时的点检；▲—已完成停止时的点检。

日常点检的检查时间一般在交接班过程中，由交接双方操作工人共同进行。此外，操作工人还应在设备运行中对设备的运行状况随机检查。日常点检还包括维修人员在维修区域内，对分管设备的巡回检查。日常点检的主要内容见表6-4。

设备日常检查的对象主要是重点设备和对安全有特殊要求的设备。

表6-4　日常点检内容

序号	名称	执行人	检查对象	检 查 内 容 或 依 据
1	班前检查	操作工人	所有开动的设备	1）开车前检查操作手柄、变速手柄、刀具、夹具、模具等位置有无变动及固定情况，检查油标，各润滑点加油 2）检查安全防护装置是否完好、灵敏 3）开空车检查自动润滑来油情况、运转声音、液压、气动系统动作、压力等是否正常 4）确认一切正常后，开始运行、生产
2	巡回检查	维修钳工、维修电工、润滑工	维护区内分管的设备	1）听取操作工人对设备问题的反映，经复查后及时排除缺陷 2）通过五感及便携式仪器对重要部位进行监测 3）查看油位，补充油量 4）监督正确使用设备

2. 定期点检

定期点检以专业维修人员为主，操作工人参加，定期对设备进行检查，记录设备异常、损坏及磨损情况，确定修理部位、更换零件、修理类别和时间，以便安排修理计划。除日常点检的工作内容外，定期点检主要是测定设备的劣化程度、精度和设备的性能，查明设备不能正常工作的原因并记录在点检表下次检修时应消除的缺陷项中，其主要目的是查明设备的缺陷和隐患，确定修理的方案和时间，保证设备维修规定的功能。定期点检主要是凭借人的感官进行，但也使用一定的检查工具和仪器。定期点检一般配合清除污垢和清洗换油。

定期点检间隔期的确定需考虑工作条件、使用强度、经济价值、安全要求、作业时间、劣化特性等因素的影响，一般参考说明书，并听取操作和维修人员的意见，初步确定在一个月以上、一年以内，例如起重设备点检间隔期为一个月。实施过程还需进行相应的调整，以使定检周期逐步切合实际。

定期点检的对象是重点生产设备、故障多的设备和有特殊安全要求的设备。由于定期点检的内容比较复杂，一般需要停机进行，因此应注意点检计划与生产计划之间的协调。

3. 专项点检

专项点检一般指由专职维修人员（含工程技术人员）针对某些特定的项目，如设备的精度、某项或某些功能参数等进行的定期或不定期的检查测定。例如专职维修人员和设备检查员对精密、大型、稀有设备和选定的精加工设备进行的精度检查和调整；设备试验检查人员对起重设备、压力容器、高压电器等有特殊试验要求的设备，定期进行的负荷试验、耐压试验、绝缘试验等，目的是了解设备的技术性能和专业性能。点检时通常需使用专用工具和仪器。

设备点检是一项繁琐的工作，实际点检结果的输入更是一项艰巨的任务，因此，目前已引入了点检计算机辅助管理系统。首先建立点检标准数据库，将点检业务流程、点检部位及标准等信息输入计算机，使其发挥对点检业务的监督、提示功能。第二步利用传感器采集信息，变原来的手工填写点检作业卡为计算机输入，将点检员解放出来。计算机还能进行点检数据的分析处理，随时把输入的点检结果与标准进行比较，由人工调用数据判断，向计算机自动判断过渡，并能进行倾向管理和残存寿命预测，辅助维修决策和修正维修计划。

二、点检的主要工作

（1）确定检查点　一般将设备的关键部位和薄弱环节列为检查点，通常包括下列部位：安全、保险、防护装置；容易损坏的零部件；易于堵塞、污染的部位，需要经常清洗、更换的零部件；直接影响产品质量的部位；需要经常调整的部位；各种指示装置；经常出现异常和故障的部位等。

合理确定检查点是提高点检效果的关键。对于通用设备，可以随加工对象或工序的改变相应调整检查点。点检卡的内容和周期既要相对稳定，又应及时调整。日常点检应与交接班记录结合起来，将其纳入交接内容并列入经济责任制考核，以保证日常点检的贯彻。

（2）确定点检项目　即确定各检查部位（点）的检查项目和内容。

（3）制定点检的判定标准　根据制造厂家提供的技术要求和实践经验，制定各检查项目技术状态是否正常的判定标准。

（4）确定检查周期　根据检查点在维持生产或安全上的重要性和生产工艺特点，结合设备的维修经验，制定点检周期。

（5）确定点检的方法和条件　根据点检要求，确定各检查项目采用的方法和作业条件。

（6）确定检查人员　确定各类点检（如日常点检、定期点检、专项点检）的责任人（专职或兼职），确定各种检查的负责人。

（7）编制点检表　将各检查点、检查项目、检查周期、检查方法、检查判定标准以及规定的记录符号等制成固定的表格，供点检人员检查时使用。

（8）做好点检记录和分析　点检记录是分析设备状况、建立设备技术档案、编制设备检修计划的原始资料。

（9）点检管理工作　做好点检的管理工作，形成一个严密的设备点检管理网。

（10）做好点检人员的培训工作。

第三节　设　备　故　障

设备的运行状态有故障状态、异常状态和正常状态之分。所谓故障，一般是指设备丧失或降低其规定功能的事件或现象。通常是由于组成设备的某些零部件失去原有的精度或性能，或零部件之间的关系失常，或设备正常工作条件被破坏等，使设备不能正常运行、技术性能降低，致使设备中断生产或效能降低而影响生产。

故障发生之前总会有一些征兆，我们称之为异常。异常是相对于正常状态而言的。设备的正常状态及性能参数，早在设计阶段即已确定。而当设备在运行中超越了正常状态的性能参数，但尚未达到超限报警时，则认为是存在了异常，否则就成为故障。

一、故障的分类

1. 按故障功能丧失的程度分类

（1）非永久性故障　只在短期内造成零部件丧失某些功能，通过修理或调整立刻可恢复全部运行标准，不需要更换零部件。

（2）永久性故障　设备某些零件已损坏，需更换后丧失的功能才能恢复。

2. 按故障发生速度的程度分类

（1）突发性故障　是各种不利因素及偶然的外界影响共同作用，超出设备所能承受的限度而引起的。这类故障往往事先无任何征兆，如润滑油突然中断、过载引起的零件断裂等。

（2）渐发性故障　是由于设备初始参数逐渐劣化而产生的，使用时间越长，发生故障的可能性越大，如零件的磨损、腐蚀、疲劳、蠕变、老化等。大部分机器的故障都属于这类，可以事先检测或监控。

3. 按故障产生的原因分类

（1）磨损性故障　因设备的正常磨损引起的故障。

（2）错用性故障　因操作错误、维护不当造成的故障。

（3）固有薄弱性故障　因系统或部件的设计和制造原因引起的正常使用时发生的故障。

4. 按故障的危险性程度分类

（1）危险性故障　保护系统在需要动作时发生故障；制动系统失灵造成的故障；导致损害工件或人身伤害的故障等。

（2）安全性故障　保护系统不需要动作而动作所造成的故障；牵引系统不需制动而制动所造成的故障；机床起动时的故障等。

二、故障分析

故障分析是故障管理的重要内容，其目的是为了探索发生故障的原因与机理，判断发生故障的概率与故障的后果，预防与消除故障，以提高设备的可靠性与安全性。

1. 故障分析的基本程序和方法

故障分析的基本程序和方法如图 6-1 所示。在故障分析的初期，要对故障实物（现场）和故障发生时的情况进行详细的调查和鉴定，还要尽可能详细地从使用者和制造厂那里收集有关故障的历史资料，通过对故障的外观检查鉴定，找出故障的特征，查出各种可能引起故障的影响因素。在判断阶段，要根据初步的研究结果，提出需要进一步开展的研究工作，以缩小产生故障的可能原因和范围。在研究阶段，要用不同的方法仔细地研究故障实物，测定材料参数，重新估算故障的负载。研究阶段应找出故障的类型及产生的原因，提出预防的措施。

故障分析常用的研究方法如图 6-2 所示。

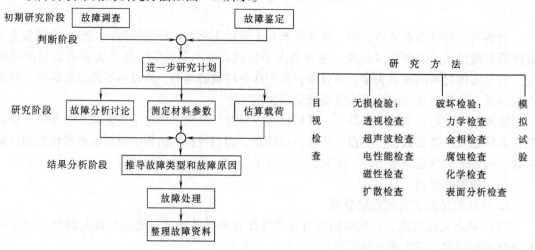

图 6-1　故障分析的基本程序　　　　图 6-2　故障分析常用的研究方法

2. 产生故障的原因

从宏观上看，无论是设备或其零部件，影响其失效的基本因素都可归结为设计制造过程因素（原始因素）和运转维修过程因素（使用因素）两大方面。

（1）设计因素 应力过高；应力集中；材料、配合、润滑方式选用不当；对使用条件、环境影响考虑不周等。

（2）装配调试因素 表现为啮合传动件如齿轮、蜗杆、螺旋等啮合间隙不合适；连接零件的必要"防松"不可靠，铆焊结构的必要探伤检验不良；润滑与密封装置不良等。

（3）制造（工艺）因素 如毛坯加工缺陷（铸、锻、焊、热处理、压力加工等缺陷）；切削加工缺陷等。

（4）材质因素 设计选材不当；毛坯加工工艺过程中产生的材料缺陷等。

（5）运转和维修的因素 包括运转工况参数的监控和维修制度的合理性。

从微观上看，发生设备故障的原因在于产品中零件的强度因素（包括机械强度、抗化学腐蚀强度等）、应力因素（包括机械应力、残余应力等）和环境因素（介质和温度等）的不相适应。

3. 设备发生故障的一般规律

设备在使用过程中发生故障的一般规律可用故障率曲线（或称寿命特性曲线）来表示，如图6-3所示。

（1）初期故障期 又称磨合期，这一阶段的故障率较高，且多为随机故障。但随着时间的推移，故障率迅速下降。初始故障期的长短与设备的设计与制造质量相关，故障的产生主要是由设计、制造上的缺陷或使用环境不当造成的。

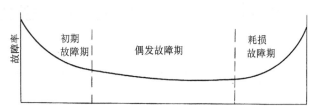

图6-3 设备的典型故障率曲线

（2）偶发故障期 这一阶段故障率最低，而且大致处于稳定状态，是设备的最佳状态期或正常工作期，其长度为设备的有效寿命。此期间故障的发生与时间无关，是随机突发的，如机械零件、电子元件的突然损坏等，多起因于可靠性设计中的隐患、使用不当与维修不力。

（3）耗损故障期 进入此阶段，故障率开始上升，故障频发，故障率随时间推移越来越高，设备进入急剧磨损阶段，原因是组成设备的零部件与子系统长期使用后，由于疲劳、磨损、老化等原因寿命已渐近衰竭，最终会导致设备的功能终止。

针对上述分析，可提出表6-5所示的减少设备故障的措施。

表6-5 减少设备故障的措施

故障阶段	初 期 故 障 期	偶 发 故 障 期	耗 损 故 障 期
故障原因	设计、制造、装配、材质等存在缺陷	可靠性设计中的隐患，不合理的使用与维修	设备到了寿命期限
减少故障的措施	加强试运转中的观察、检查和调整，进行初期状态管理，培训操作工人，合理改进	提高可靠性设计质量，改进使用管理，加强监测诊断与维护保养工作	进行状态监测维修、定期维修，合理改装

三、故障管理

故障管理是设备状态管理的重要组成部分，是维修管理的基础。开展故障管理的目的在于及早发现故障征兆，及时进行预防维修，控制故障的发生。开展故障管理的基础是及时准确地掌握与设备故障有关的各种信息。因此，需要从实际常发和典型故障中积累资料和数据，健全各种原始记录，重视故障规律和故障机理的研究，加强日常维护、检查和预修，才有可能避免突发故障和控制偶发故障的发生。

故障管理的主要内容是：

1）做好宣传教育工作，调动全员参加故障管理工作，使操作工人和维修工人自觉对设备故障进行认真记录、统计和分析，提出合理化建议，形成故障维修的业务保障体系。

2）紧密结合企业生产实际和设备状况，确定故障管理的重点。

3）做好设备的故障记录，填好原始凭证，保证信息的及时性和准确性。表 6-6 为某企业的设备故障日常修理单，由维修工人现场检查和故障修理后填写，机械员与动力员按月统计分析，报送设备管理部门。

表 6-6　某企业设备故障日常修理单

年　　月　　日

车间		工段		小组	
设备名称		型号		编号	
故障发生时间	年　月　日　时	修理完工时间		年　月　日　时	

故障发生情况：

申请人：

原　因　分　析		修　理　更　换　零　件				
		名　称	图　号	数量	金　额	
					单　价	合　计
1. 设计不良	10. 安装不良					
2. 制造不良	11. 润滑不良					
3. 零件不良	12. 保养不良					
4. 操作不良	13. 精度不良					
5. 维修不良	14. 原因不明					
6. 超负荷	15. 事故					
7. 老化	16. 其他					
8. 修理不良	17. 正常					
9. 电器元件不良						

故障处理情况：

责任分析及防止故障再发生的建议：		停机时间		损失费用	
	修理费用	名　称	修　理　工　时	修　理　费　用	
		钳　工			
		电　工			
		其　他			
		合　计			

工长：　　　维修组长：　　　维修人：　　　操作者：　　　车间机械员：

4）开展故障统计、整理与分析工作。通过对故障数据的统计、整理、分析，计算出各类设备的故障频率和平均故障间隔期，分析单台设备的故障动态和重点故障的原因，找出故障的发生规律，以便安排预防修理和改善措施计划，还可作为修改定期检查间隔期、检查内容和标准的依据。

5）采用监测仪器和诊断技术，对重点设备的重点部位进行有计划的监测活动，以发现故障的征兆和劣化信息。一般设备也要通过人的感官及一般检测工具进行日常点检、巡回检查、定期检查（包括精度检查）和完好状态检查等。

6）建立故障查找逻辑程序。它涉及不同的知识领域和丰富的经验，需掌握设备的构造原理、电器知识和液压技术等。通常把常见的故障、分析步骤、产生原因、消除办法等汇编起来，制成故障查找逻辑分析程序图表或框图，以便迅速正确地找出故障原因和部位。

7）针对故障原因、类型、不同设备的特点，建立适合本厂的设备维修管理制度。

第四节　设　备　事　故

企业的生产设备因非正常损坏造成停产或效能降低，停机时间和经济损失超过规定限额者为设备事故。发生设备事故必然会给企业的生产经营带来不同程度的损失，甚至会危及职工的人身安全，为此，政府部门、各行业协会、各企业都要重视设备安全运行的管理。

一、设备事故的划分

1. 按设备事故造成的修理费用或停产时间分类

（1）一般事故　修复费用一般设备在 0.05 ~ 1 万元；精密、大型、稀有及机械工业关键设备在 0.1 ~ 3 万元；或因设备事故造成全厂供电中断 10 ~ 30min 的事故。

（2）重大事故　修复费用一般设备达 1 万元以上；精密、大型、稀有及机械工业关键设备达 3 万元以上；或因设备事故使全厂电力供应中断 30min 以上的事故。

（3）特大事故　修复费用达 50 万元以上；或因设备事故造成全厂停电两天以上、车间停产 1 周以上的事故。

2. 按设备事故发生的性质分类

（1）责任事故　因人为原因造成的设备事故，如违反操作规程、擅离工作岗位、超负荷运行、加工工艺不合理、维护修理不良、忽视安全措施等导致设备损坏停产或效能降低。

（2）质量事故　因设备的设计、制造、安装不当等原因造成设备损坏停产或效能降低。

（3）自然事故　因遭受自然灾害而造成的设备事故，如洪水、地震、台风、雷击等导致设备损坏停产或效能降低。

不同性质的事故应采取不同的处理方法。自然事故比较容易判断，责任事故与质量事故直接决定着事故责任者承担事故损失的经济责任，为此一定要进行认真分析，必要时邀请制造厂家一起对事故设备进行技术鉴定，作出准确的判断。一般情况下企业发生的设备事故多为责任事故。

二、设备事故的分析

设备事故发生后，应立即切断电源，保持现场，按设备分级管理的有关规定上报，并及时组织有关人员根据"三不放过"原则（事故原因分析不清不放过、事故责任者与群众未受到教育不放过、没有防范措施不放过）进行调查分析，严肃处理，从中吸取经验教训。

一般事故由事故单位主管负责人组织有关人员，在设备管理部门参加下分析事故原因。如事故性质具有典型教育意义，由设备管理部门组织全厂设备员、安全员和有关人员参加的现场会共同分析，使大家都受教育。重大及特大事故由企业主管设备厂长（总工程师）组织设备、安技部门和事故有关人员进行分析。

1. 进行事故分析的基本要求

1）重视并及时进行事故分析。分析工作进行得越早，原始数据越多，分析事故原因和提出防范措施的根据就越充分，同时，应保存好分析的原始证据。

2）保持事故发生的现场，不移动或接触事故部位的表面。

3）要严格察看事故现场，进行详细记录和照相。

4）如需拆卸发生事故的部件时，要避免使零件再产生新的伤痕或变形等情况。

5）分析事故时，除注意发生事故部位外，还要详细了解周围环境，多访问有关人员，以便掌握真实情况。

6）分析事故不能凭主观臆测作出结论，要根据调查情况与测定数据仔细分析判断。

2. 做好事故的抢修工作，把损失控制在最低程度

1）在分析出事故原因的前提下，积极组织抢修，尽可能减少修复费用。

2）事故抢修需外车间协作加工的，必须优先安排，物资部门优先供应检修事故用料，尽可能减少停修天数。

3. 做好事故的上报工作

1）发生事故的部门，应在事故后三日内认真填写事故报告单，报送设备管理部门。一般事故报告单由设备管理部门签署处理意见，重大事故及特大事故由厂主管领导批示，特大事故报上级主管部门。

2）设备事故经过分析、处理并修复后，应按规定填写维修记录，由车间机械员负责计算实际损失，载入设备事故报告损失栏，报送设备管理部门。

3）企业发生的各种设备事故，设备管理部门每季应统计上报，并记入历年设备事故登记册内。重大、特大事故应在季报表内附上事故概况与处理结果。

4. 做好设备事故的原始记录

设备事故报告记录应包括以下内容：

1）设备编号、名称、型号、规格及事故概况。

2）事故发生的前后经过及责任者。

3）设备损坏情况及发生原因，分析处理结果。重大、特大事故应有现场照片。

4）发生事故的设备在进行修复前、后，均应对其主要精度、性能进行测试；设备事故的一切原始记录和有关资料，均应存入设备档案。凡属设备设计制造质量问题所引发的事故，应将出现的问题反馈到原设计、制造单位。设备事故报告单见表6-7。

三、设备事故的处理

国务院发布的《全民所有制工业交通企业设备管理条例》规定，"对玩忽职守，违章指挥，违反设备操作、使用、维护、检修规程，造成设备事故和经济损失的职工，由所在单位根据情节轻重，分别追究经济责任和行政责任，构成犯罪的，由司法机关依法追究刑事责任。"

对设备事故隐瞒不报或弄虚作假的单位和个人，应加重处罚，并追究领导责任。设备事

故频率应按规定统计，按期上报。

表 6-7　设备事故报告单

企业名称

资产编号		设备名称		型号规格		使用部门	
事故发生时间			年　月　日	事故排除时间			年　月　日
事故报告人			事故类别			责任人	
停机台时		时	修理工时		时	修复费用	元
事故发生经过及损坏情况							
事故原因分析				分析人：　　　　　年　月　日			

事故原因	违反操作规程	擅离工作岗位	超负荷运转	没有按期检修	忽视安全措施	检修质量不良	设备先天不足	润滑管理不善

事故预防措施及处理意见	

使用部门意见　　年 月 日	设备部门意见　　年 月 日	主管厂长意见　　年 月 日

说明：1. 设备发生事故按规定分析处理，填报设备事故单。

　　　2. 精密、大型、稀有设备及机械工业关键设备发生事故 24h 内上报主管局、部。

　　　3. 本表不够填写请另附。

四、设备事故损失的计算

（1）停产和修理时间的计算　　停产时间从设备损坏停工时起，到修复后投入使用时为止。修理时间从动工修理起到全部修完交付生产使用时为止。

（2）修理费用的计算

$$修理费 = 修理材料费 + 备件费 + 工具辅材费 + 工时费 \qquad (6\text{-}3)$$

（3）停产损失费用的计算

$$停产损失 = 停机小时 \times 每小时生产成本费用 \qquad (6\text{-}4)$$

（4）事故损失费用的计算

$$事故损失费 = 停产损失费 + 修理费 \qquad (6\text{-}5)$$

复习思考题

6-1　设备技术状态完好的总标准包括哪些内容？

6-2　点检分为哪几类？各类的参加人员和工作范围如何？点检中的"点"是如何确定的？

6-3　区别设备故障与设备事故、故障机理与故障模式。

6-4　设备发生故障的一般规律是什么？可以采取什么方法减少故障的发生？

6-5　设备发生事故后如何进行分析和处理？

第七章 设备的维修

设备维修是设备使用期管理的主要内容之一，是为了保持和恢复设备完成规定功能的能力而采取的技术活动，包括维护和修理两个含义。

设备在使用过程中，零部件会逐渐发生磨损、变形、断裂、锈蚀等现象。修理就是对技术状态劣化到某一临界状态或发生故障的设备，通过更换或修复失效的零件，对整机或局部进行拆装、调整等技术活动，使设备恢复规定的功能或精度，保持设备的完好。

设备维修是降低寿命周期费用的重要环节，也是保证生产正常进行、提高经济效益的必不可少的措施。维修效益好像如

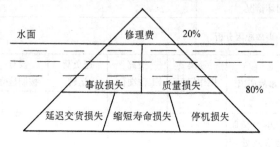

图 7-1 冰山效应

图 7-1 所示的一座冰山，浮在水面上的维修费用容易被人们看见，但由于维修管理不善所造成的各种损失（淹没在水里的部分）往往易被人们忽视。

第一节 维修方式与修理类别

设备的维修，必须贯彻预防为主的方针，根据企业的生产性质、设备特点及设备在生产中所起的作用，选择适当的维修方式。

一、设备的维修方式

设备的维修方式具有维修策略的含义。现代设备管理强调对各类设备采用不同的维修方式，就是强调设备维修应遵循设备物质运动的客观规律，在保证生产的前提下，合理利用维修资源，达到寿命周期费用最经济的目的。目前国内外常用的维修方式如下所述。

1. 事后维修

事后维修就是将一些未列入预防维修计划的生产设备，在其发生故障后或性能、精度降低到不能满足生产要求时再进行修理。采用事后维修（即坏了再修），可以发挥主要零件的最大寿命，维修经济性好。它作为一种维修策略，不同于原始落后的事后修理。事后维修不适用于对生产影响较大的设备，其一般适用范围是：①故障停机后再修理不会给生产造成损失的设备；②修理技术不复杂而又能及时提供配件的设备；③一些利用率低或有备用的设备。

2. 预防维修

为了防止设备性能、精度劣化或为了降低故障率，按事先规定的修理计划和技术要求进行的维修活动，称为预防维修。预防维修主要有以下维修方式。

（1）定期维修 定期维修是在规定时间的基础上实行的预防维修活动，具有周期性特点。定期维修根据零件的失效规律，事先规定好了修理间隔期、修理类别、修理内容和修理工作量。它主要适用于已掌握设备磨损规律且生产稳定、连续生产的流程式生产设备、动力

设备、大量生产的流水线设备或自动线上的主要设备以及其他可以统计开动台时的设备。

我国目前实行的设备定期维修制度主要有计划预防维修制和计划保修制两种。

1）计划预防维修制（简称计划预修制）。它是根据设备的磨损规律，按预定修理周期及修理周期结构对设备进行维护、检查和修理，以保证设备经常处于良好的技术状态的一种设备维修制度。其主要特征如下：①按规定要求，对设备进行日常清扫、检查、润滑、紧固和调整等，以延缓设备的磨损，保证设备正常运行；②按规定的日程表对设备的运动状态、性能和磨损程度等进行定期检查和调整，以便及时消除设备隐患，掌握设备技术状态的变化情况，为设备定期修理做好物质准备；③有计划有准备地对设备进行预防性修理。

2）计划保修制（又称保养修理制）。它是把维护保养和计划检修结合起来的一种修理制度，其主要特点是：①根据设备的特点和状况，按照设备运转小时（产量和里程）等，规定不同的维修保养类别和间隔期；②在保养的基础上制订设备不同的修理类别和修理周期；③当设备运转到规定时限时，不论其技术状态如何，也不考虑生产任务的轻重，都要严格地按要求进行检查、保养和计划修理。

（2）状态监测维修　这是一种以设备技术状态为基础，按实际需要进行修理的预防维修方式。它是在状态监测和技术诊断的基础上，掌握设备的劣化发展情况，在高度预知的情况下，适时安排预防性修理，故又称预知的维修。

这种维修方式的基础是将各种检查、维护、使用和修理，尤其是诊断和监测提供的大量信息，通过统计分析，正确判断设备的劣化程度、发生（或将要发生）故障的部位、技术状态的发展趋势，从而采取正确的维修类别。这样能充分掌握维修活动的主动权，做好修前准备，并且可以和生产计划协调安排，既能提高设备的利用率，又能充分发挥零件的最大寿命。因受到诊断技术发展的限制，它主要适用于重点设备以及利用率高的精密、大型、稀有类设备，即值得投入诊断与监测费用的设备，以使设备故障后果影响最小，避免盲目安排检修。它是今后企业设备维修的发展方向。

3. 改善维修

为消除设备先天性缺陷或频发故障，对设备局部结构和零件设计加以改进，结合修理进行改装以提高其可靠性和维修性的措施，称为改善维修。

设备的改善维修与技术改造的概念是不同的，主要区别为：前者的目的在于改善和提高局部零件（部件）的可靠性和维修性，从而降低设备的故障率，减少维修时间和费用；而后者的目的在于局部补偿设备的无形磨损，从而提高设备的性能和精度。

二、修理类别

预防维修的修理类别有大修、中修、项修、小修、定期精度调整和定期维护。

（1）大修　设备大修是工作量最大的一种计划修理。它是因设备基准零件磨损严重，主要精度、性能大部分丧失，必须经过全面修理，才能恢复其效能时使用的一种修理形式。

（2）中修　中修的工作量介于大修与小修之间，对中修的要求比大修低。我国在中修执行中普遍反映"中修除不喷漆外，与大修难以区分"。因此，许多企业已取消了中修类别。

（3）项修　项目修理（简称项修）是对设备精度、性能的劣化缺陷进行针对性的局部修理。

（4）小修　小修是工作量最小的一种计划修理，以维持设备技术状态为主要目的。

（5）定期精度调整　定期精度调整是对精密、大型、稀有机床的几何精度进行定期调整，使其达到（或接近）规定标准。精度调整的周期一般为 1～2 年，调整时间适宜安排在气温变化较小的季节。实行定期精度调整，有利于保持机床精度的稳定性，以保证产品质量。

设备大修、项修、小修、定期精度调整的工作内容比较见表 7-1。

表 7-1　设备大修、项修、小修、定期精度调整的工作内容比较

修理类别 标准要求	大　修	项　修	小　修	定期精度调整
拆卸分解程度	全部拆卸分解	针对检修部位部分拆卸分解	拆卸检查部分磨损严重的机件和污秽部位	同小修
修复范围和程度	修理基准件、更换或修复主要件、大型件及所有不合格的零件	根据修理项目，对修理部位进行修复，更换不合用的零件	清除污秽积垢，更换或修复不能使用的零件，修复达不到完好程度的部位	清除污秽积垢，调整零件间隙及相对位置，更换或修复不能使用的零件，修复达不到完好程度的部位
刮研程度	加工和刮研全部滑动接触面	根据修理项目决定刮研部位	必要时局部修刮，填补划痕	局部刮研，填补划痕，刮研伤凹痕
精度要求	按大修精度及通用技术标准检查验收	按预定要求验收	按预定要求验收	按设备完好标准验收，加工精度达到工艺要求
表面修饰要求	全部外表面刮腻子、打光、喷漆，手柄等零件重新电镀	补漆或不进行	不进行	不进行
工作量比率（%）	100	30	20	30～40
经费来源	大修基金	生产费用	生产费用	生产费用

三、修理周期和修理周期结构简介

设备修理周期与修理周期结构是建立在设备磨损与摩擦的理论基础上的，是指导计划修理的基础。

（1）修理周期（用 T 表示）　对已在使用的设备来说，是指相邻两次大修之间的间隔时间；对新设备来说，是指开始使用到第一次大修之间的间隔时间（单位：月或年）。

（2）修理间隔期　是指相邻两次计划修理之间的工作时间（单位：月）。确定修理间隔期必须遵循"使设备计划外停机时间应达到最低限度"的原则。

（3）修理周期结构　是指在一个修理周期内应采取的各种修理类别的次数和排列顺序。各企业在实行计划修理中，应根据自己的生产、设备特点，确定各种修理类别的排列顺序，既要符合设备的实际需要，又要研究修理的经济性。

第二节　设备修理定额与修理复杂系数

设备修理定额包括修理工时定额、停歇时间定额、材料消耗定额及修理费用定额等。修理定额是制订修理计划、考核修理中各项消耗及分析修理活动经济效益的依据。

在我国，通常以"设备修理复杂系数"作为计算考核设备修理定额的基本依据。

一、设备修理复杂系数

机械设备种类繁多，不仅外形有大有小，重量有轻有重，而且结构繁简、精度高低程度都不一样，这些差异都不能用来确切反映维修工作量的大小。为了维修工作的需要，要求建立一个能确切反映设备维修复杂程度和工作量大小的假定单位，这就是设备修理复杂系数。

1. 修理复杂系数的概念

设备修理工作的劳动量是根据修理类别、设备的结构特性、工艺性能以及设备的零部件的几何尺寸所决定的。用来衡量设备修理复杂程度和修理工作量大小的指标，叫做设备修理复杂系数（以 F 表示）。它分为机械修理复杂系数（以 JF 表示）、电气修理复杂系数（以 DF 表示）、热工设备修理复杂系数（用 $F_热$ 表示）。

机械修理复杂系数是以标准等级（五级修理工）的机修钳工彻底检修（即大修）一台标准机床（中心距为 1000mm 的 C620-1 卧式车床）所耗用劳动量的修理复杂程度假定为 11 个机械修理复杂系数作为相对基数。

电器修理复杂系数是以标准等级的电修钳工（即电工）彻底检修一台额定功率为 0.6kW 的防护式笼型异步电动机所耗用劳动量的复杂程度假定为 1 个电器修理复杂系数作为相对基数。

热工（又称热力）设备修理复杂系数是以标准等级的热工工人彻底检修一台 IBA6（IK6）水泵所耗用劳动量的复杂程度假定为 1 个热工修理复杂系数作为相对基数。

常用设备修理复杂系数见表 7-2。

表 7-2　常用设备修理复杂系数

序号	设　备　名　称	型　号	规　格	复杂系数	
				机械	电气
1	卧式车床	C620	$\phi400 \times 1000$	10	4
2	卧式车床	C620-1	$\phi400 \times 1000$	11	4
3	卧式车床	C620-1	$\phi400 \times 1500$	11	4
4	卧式车床	C620-1	$\phi400 \times 2000$	12	4
5	卧式车床	CA6140	$\phi400 \times 750$	11	4
6	卧式车床	C630	$\phi615 \times 1400$	14	6
7	卧式车床	C650	$\phi1000 \times 3000$	23	12
8	立式钻床	Z525	$\phi25$	5	2
9	摇臂钻床	Z35	$\phi50$	12	7
10	卧式铣镗床	T68	$\phi85$	22	9
11	万能外圆磨床	M131W	$\phi315 \times 1000$	12	12
12	滚齿机	Y38	$\phi800 \times M8$	14	6
13	插齿机	Y54	$\phi462 \times M6$	12	6
14	立式升降台铣床	X52K	325×1250	12	8
15	万能升降台铣床	X62W	320×1250	13	7
16	龙门刨床	B2020	2000×6000	52	60

（续）

序号	设 备 名 称	型 号	规 格	复杂系数 机械	复杂系数 电气
17	牛头刨床	B665	650	10	4
18	空气锤	C41-400	400kg	13	6
19	桥式起重机	（单钩）11-17	10t	9	22
20	桥式起重机	10.5-28.5	20/5	13	35
21	内燃机		$60 \times 736W$	9	
22	内燃机		$80 \times 736W$	10	
23	内燃机		$100 \times 736W$	14	

2. 影响设备修理复杂系数的因素

设备结构越复杂、主要部件尺寸越大、加工精度越高、生产能力越大，设备修理复杂系数就越高。影响设备修理复杂系数的主要因素有：

1）设备结构的自动化程度、复杂程度和结构特性。

2）为满足生产工艺要求所需的主要动作项目。

3）设备主要运动的变速级数，需要刮研的重要接合面大小，设备的重量以及组成设备的零件数。

4）设备效能及设备主要部件的几何尺寸和精度。

5）设备工作条件（如压力、温度等）。

6）设备特性和修理的方便性。

7）设备电气控制部分的复杂程度。这是决定电气修理复杂系数的主要因素。

8）使用动能的类别及输送、贮存介质（气体、液体等）的性质。

3. 设备修理复杂系数的主要用途

1）衡量企业或车间设备修理工作量的大小。

2）表示企业设备维修管理工作量的大小，可用于合理地配备设备维护和维修工人，配备维修用设备。在核实生产能力和定员工作中，可用来核算、平衡、协调设备维修能力。

3）制订设备维修的各种消耗定额（如设备修理工时、费用、材料、备件储备等定额）和停机时间定额的基本依据。

4）编制维修管理工作计划和统计分析各项经济技术指标的主要依据。

5）确定设备等级标准的重要依据（如重点设备、主要生产设备等）。

二、设备修理定额

应用设备修理复杂系数确定的各项定额，是同类设备相当多台次的平均数。实践证明，用它来测算一个工厂或车间年度全部修理设备的定额比较准确，而用它来考核单台（项）设备的修理往往出入较大，更不宜作为计件工资或计算奖金的依据。设备修理复杂系数适用于年度修理计划的编制。对于单台（项）设备修理定额，应根据修理任务书规定的修理内容和修理工艺来具体测算，或根据该型号设备相当多台次的修理记录进行统计分析来制订修理定额。

由于企业的生产性质、设备构成、生产条件、维修技术水平和管理水平不同，各企业的设备修理定额可以有所不同。

1. 修理工时定额

修理工时定额是指完成设备修理工作所需要的标准工时数，一般用一个修理复杂系数所需的劳动时间来表示。表7-3列出了计划预修制的修理工时定额参考数据，表内的定额是按中级工技术水平的工时计算的，如换算为其他等级的工种，则需乘以技术等级换算系数，其系数值列于表7-4。

表7-3　一个修理复杂系数的修理工时定额（计划预修制）　　（单位：h/F）

设备类别	大　　修					小　　修				定期检查				精度检查		
	合计	钳工	机工	电工	其他	合计	钳工	机工	电工	合计	钳工	机工	电工	合计	钳工	电工
一般机床	76	40	20	12	4	13.5	9	3	1.5	2	1	0.5	0.5	1.5	1	0.5
大型机床	90	50	20	16	4	16.5	11	4	1.5	3	2	0.5	0.5	2.5	2	0.5
精密机床	119	65	30	20	4	19.5	13	5	1.5	4	3	0.5	0.5	3.5	3	0.5
锻压设备	95	45	30	10	10	14	10	3	1	3	2	0.5	0.5	—		—
起重设备	75	40	15	12	8	8	5	2	1	2	1	0.5	0.5	—		—

注：表内定额是按中级工技术水平的工时计算的。

表7-4　技术等级换算系数

技术等级	初级工	中级工	高级工	技师	高级技师
换算系数	1.18	1	0.85	0.72	0.66

有了各种设备的修理复杂系数和每一修理复杂系数的工时定额后，就可以计算出每台设备修理时的劳动量。例如，某机床的修理复杂系数为15，每一修理复杂系数的修理定额为76工时，如修理工的技术等级为高级工，则大修该机床的劳动量为 $15 \times 76 \times 0.85 = 969$ 工时，汇总各台设备修理所需的劳动量，就可计算出计划期内为完成全部修理工作所需的总劳动量。

2. 修理停歇时间定额

修理停歇时间定额是指从设备停歇修理起到修理完毕，经质量检查验收合格，可以投产使用所经过的全部时间。为了尽量缩短停歇时间，就需做好修前的各项准备工作，如图样资料的准备，各种修理工艺的编制以及备件、更换件的准备。这样，修理停歇时间的长短主要取决于修理钳工劳动量（对于电气部分为主的设备，若 $DF \gg JF$，则取决于电修劳动量）。

设备修理停歇时间可按每个修理复杂系数的停机时间定额来计算，此值一般由企业主管部门统一规定。机械设备一个修理复杂系数停歇时间定额列于表7-5中，供参考。

表7-5　机械设备一个修理复杂系数的停歇时间定额

修理类别	停歇时间定额/工作日	修理类别	停歇时间定额/工作日
项修前检查	0.3	定期检查	0.5
大修前检查	0.4	项　　修	1.5
定期维护	0.3	大　　修	2.5

3. 材料消耗定额

修理材料消耗定额是为完成设备修理工作所规定的材料消耗标准，可用每一修理复杂系数所需材料数量来表示。表7-6为各类设备主要材料消耗定额的参考数据。

表7-6　各类设备主要材料消耗定额　（单位：kg/F）

设备类别	修理类别	一个修理复杂系数主要材料消耗定额							
		铸铁	铸钢	耐磨铸铁	碳素钢	合金钢	锻钢	型钢	有色金属
金属切削机床	大修	12	0.25	1	13.5	6.6			1.6
	项修	7	0.2	0.3	8	3		0.5	1
	定期检查	1	0.05	0.1	2	1			0.5
锻造设备、汽锤、剪床、摩擦压力机	大修	11	15		12	20	30		4
	项修	5	3		4	8			2
	定期检查	2			2	3			0.4
起重设备 运输设备	大修	6.5	7		10	6		40	2
	项修	2.5	4		4	3	3	20	1
	定期检查	0.7	1		1.5	1		8	0.4
空压机	大修	3			钢材 8				铸件 2
	项修	2			钢材 4				铸件 1.5
	定期检查	1			钢材 1.5				铸件 0.5

第三节　设备修理计划

设备修理计划要准确、真实地反映生产与设备相互关联的运动规律，必须与生产计划同时下达、同时考核，其内容包括各类修理计划和技术改造计划。

一、设备修理计划的分类及内容

（1）年度修理计划　包括大修、项修、技术改造、实行定期维修的小修和定期维护以及更新设备的安装等项目。

（2）季度修理计划　包括按年度计划分解的大修、项修、技术改造、小修、定期维护及安装和按设备技术状态劣化程度，经使用单位或部门提出的必须小修的项目。

（3）月度修理计划　内容有：①按年度分解的大修、项修、技术改造、小修、定期维护及安装；②精度调整；③根据上月设备故障修理遗留的问题及定期检查发现的问题，必须且有可能安排在本月的小修项目。

年度、季度、月度修理计划是考核企业及车间设备修理工作的依据。年度、季度、月度修理计划分别见表7-7、表7-8、表7-9。

（4）年度设备大修计划与年度设备定期维护计划（包括预防性试验）　设备大修计划主要供企业财务管理部门准备大修资金和控制大修费使用，并上报管理部门备案。设备大修计划见表7-10。

二、修理计划的编制依据

（1）设备的技术状态　由车间设备工程师（或设备员）根据日常点检、定期检查、状态监测和故障修理记录所积累的设备状态信息，结合年度设备普查（一般安排在每年的第三季度，由设备管理部门组织实施）鉴定的结果，经综合分析后向设备管理部门填报设备技术状态普查表，将其中技术状态劣化须修理的设备，申请列入年度设备修理计划。

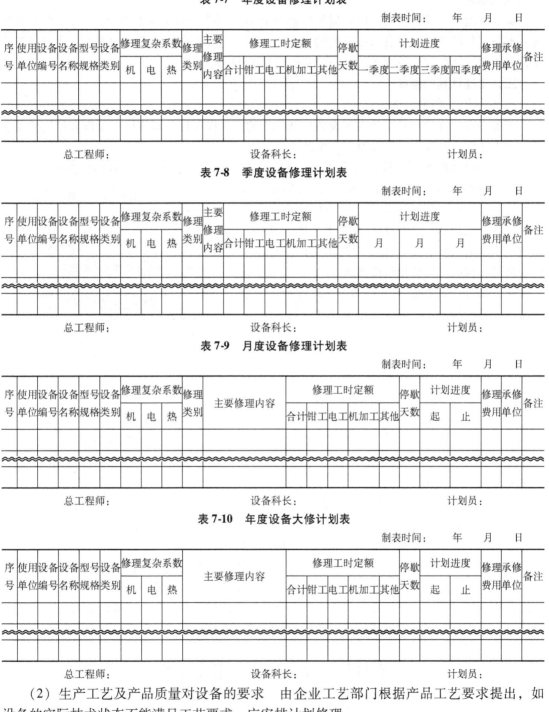

表7-7　年度设备修理计划表

制表时间：　年　月　日

序号	使用单位	设备编号	设备名称	型号规格	设备类别	修理复杂系数			修理类别	主要修理内容	修理工时定额						停歇天数	计划进度				修理费用	承修单位	备注
						机	电	热			合计	钳工	电工	机加工	其他			一季度	二季度	三季度	四季度			

总工程师：　　　　　　　　　设备科长：　　　　　　　　　计划员：

表7-8　季度设备修理计划表

制表时间：　年　月　日

序号	使用单位	设备编号	设备名称	型号规格	设备类别	修理复杂系数			修理类别	主要修理内容	修理工时定额						停歇天数	计划进度			修理费用	承修单位	备注
						机	电	热			合计	钳工	电工	机加工	其他			月	月	月			

总工程师：　　　　　　　　　设备科长：　　　　　　　　　计划员：

表7-9　月度设备修理计划表

制表时间：　年　月　日

序号	使用单位	设备编号	设备名称	型号规格	设备类别	修理复杂系数			修理类别	主要修理内容	修理工时定额						停歇天数	计划进度		修理费用	承修单位	备注
						机	电	热			合计	钳工	电工	机加工	其他			起	止			

总工程师：　　　　　　　　　设备科长：　　　　　　　　　计划员：

表7-10　年度设备大修计划表

制表时间：　年　月　日

序号	使用单位	设备编号	设备名称	型号规格	设备类别	修理复杂系数			主要修理内容	修理工时定额						停歇天数	计划进度		修理费用	承修单位	备注
						机	电	热		合计	钳工	电工	机加工	其他			起	止			

总工程师：　　　　　　　　　设备科长：　　　　　　　　　计划员：

（2）生产工艺及产品质量对设备的要求　由企业工艺部门根据产品工艺要求提出，如设备的实际技术状态不能满足工艺要求，应安排计划修理。

（3）安全与环境保护的要求　根据国家和有关主管部门的规定，设备的安全防护装置不符合规定，排放的气体、液体、粉尘等污染环境时，应安排改善修理。

（4）设备的修理周期与修理间隔期　设备的修理周期和修理间隔期是根据设备磨损规律和零部件的使用寿命，在考虑到各种客观条件影响程度的基础上确定的，这也是编制修理计划的依据之一。

编制季度、月份计划时，应根据年度修理计划，并考虑到各种因素的变化（修前生产技术准备工作的变化、设备事故造成的损坏、生产工艺要求变化对设备的要求、生产任务的变化对停修时间的改变及要求等），进行适当调整和补充。

三、修理计划的编制

1. 编制年度修理计划

年度设备修理计划是企业全年设备检修工作的指导性文件。对年度设备修理计划的要求是：力求达到既准确可行，又有利于生产。

编制年度修理计划应注意五个环节：①切实掌握需修设备的实际技术状态，分析其修理的难易程度；②与生产管理部门协商重点设备可能交付修理的时间和停歇天数；③预测修前技术、生产准备工作可能需要的时间；④平衡维修劳动力；⑤对以上四个环节出现的矛盾提出解决措施。

年度修理计划的编制过程如图7-2所示，一般在每年九月份编制下一年度的设备修理计划。

2. 季度修理计划

它是年度修理计划的实施计划，必须在落实停修时间、修理技术、生产准备工作及劳动组织的基础上编制。按设备的实际技术状态和生产的变化情况，它可能使年度计划有变动。季度修理计划在前一季度第二个月开始编制，可按编制计划草案、平衡审定、下达执行三个基本程序进行，一般在上季度最后一个月10日前由计划部门下达到车间，并作为其季度生产计划的组成部分加以考核。

3. 月度修理计划

它是季度计划的分解，是执行修理计划的作业

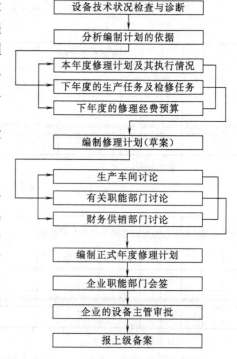

图7-2　年度修理计划的编制程序

计划，是检查和考核企业修理工作好坏的最基本的依据。在编制月度修理计划中，应列出应修项目的具体开工、竣工日期，对跨月份项目可分阶段考核；应注意与生产任务的平衡，要合理利用维修资源。一般每月中旬编制下一个月度的修理计划，经有关部门会签、主管领导批准后，由生产计划部门下达，与生产计划同时检查考核。

第四节　设备修前的准备工作

修前准备工作完善与否，将直接影响到设备的修理质量、停机时间和经济效益。如图7-3表示了修前准备的工作程序，包括修前技术准备和生产准备两方面的内容。

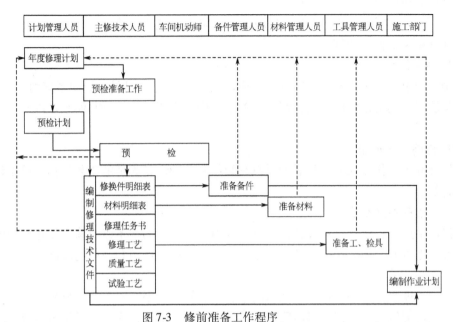

图 7-3　修前准备工作程序

注：实线为程序传递路线，虚线为信息反馈路线

一、修前技术准备

修前技术准备的工作内容主要有修前预检、修前设计准备和修前工艺准备。

1. 修前预检

修前预检的目的是要掌握修理设备的技术状态（如精度、性能、缺损件等），查出有毛病的部位，以便为制订经济合理的修理作业计划、做好其他各项修前准备工作打下基础。一般设备的修前预检在修前三个月左右进行，对精密、大型、稀有以及需结合改造的设备宜在修前六个月左右进行。

通过预检，首先必须准确而全面地提出更换件和修复件明细表，提出的齐全率要在80%以上，特别是铸锻件、加工周期长的零件以及需要外协的零件不应漏提；其次，对更换件和修复件的测绘要仔细，要准确而齐全地提供其各部分尺寸、公差配合、几何公差、材料、热处理要求以及其他技术条件，从而保证提供可靠的配件制造图样。预检可按以下步骤进行：

1）主修技术员首先要阅读设备说明书和装配图，熟悉设备的结构、性能和精度要求；其次是查看设备档案，从而了解设备的历史故障和修理情况。

2）由操作工人介绍设备目前的技术状态，由维修工人介绍设备现有的主要缺陷。

3）进行外观检查，如导轨面的磨损、碰伤等情况，外露零部件的油漆及缺损情况等。

4）进行运转检查。先开动设备，听运转的声音是否正常，然后详细检查不正常的地方，打开盖板等检查看得见的零部件，对看不见怀有疑问的零部件则必须拆开检查，拆前要做好记录，以供解体时检查及装配复原之用，必要时尚需进行负荷试车及工作精度检验。

5）按部件解体检查。将有疑问的部件拆开细看是否有问题，如有损坏的，则由技术人员按照备件图提出备件清单；没有备件图的，还须拆下测绘成草图，但尽可能不大拆，因为设备预检后还需要装上交付生产。

6）预检完毕后，将记录进行整理，编制修理工艺准备资料，如修前存在问题记录表、磨损件修理及更换件明细表等。

2. 修前设计准备

预检结束后，主修技术员需准备修换件图样、结构装配图、传动系统图、电气系统图、液压系统图、润滑系统图、设备修理任务书、修换件明细表、材料明细表以及其他技术文件等。

3. 修前工艺准备

设计准备工作完成后，就需着手编制配件制造和设备修理的工艺规程，并设计必要的工艺装备等。

二、修前生产准备

修前生产准备包括材料及备件准备，专用工、检具的准备以及修理作业计划的编制。充分而及时地做好修前生产准备工作，是保证设备修理工作顺利进行的基础。

1. 材料及备件的准备

根据年度修理计划，设备管理部门编制年度材料计划，提交企业材料供应部门采购。主修技术人员编制的设备修理材料明细表是领用材料的依据，库存材料不足时应临时采购。

备件管理人员按更换件明细表核对库存后，不足部分组织临时采购和安排备件加工。铸、锻件毛坯是备件生产的关键，因其生产周期长，故必须重点抓好，列入生产计划，保证按期完成。

2. 专用工、检具的准备

专用工、检具的生产必须列入生产计划，根据修理日期分别组织生产，验收合格后编号入库，以便今后进行管理。通用工、检具应以外购为主。

3. 设备停修前的准备工作

以上生产准备工作基本就绪后，要具体落实停修日期。修前对设备主要精度项目进行必要的检查和记录，以确定主要基础件（如导轨、立柱、主轴等）的修理方案。最后，切断电源及其他动力管线，放出切削液和润滑油，清理作业现场，办理交修手续等。

三、修理作业计划的编制

修理作业计划是主持修理施工作业的具体行动计划，其目标是以最经济的人力和物力，在保证修理质量的前提下力求缩短停歇天数，达到按期或提前完成修理任务的目的。

修理作业计划由修理单位的计划员负责编制，并组织主修机械和电气的技术人员、修理工（组）长讨论审定。对于结构复杂的高精度、大型、关键设备的大修，应采用网络计划。

修理作业计划的主要内容是：①作业程序；②分阶段、分部作业所需的工人数、工时数及作业天数；③对分部作业之间相互衔接的要求；④需要委托外单位劳务协作的事项及时间要求；⑤对用户配合协作的要求等。

第五节　设备修理计划的实施、验收与考核

实施修理计划时要求：①使用单位按规定日期将设备交付修理；②修理单位认真按作业计划组织施工；③设备管理、质量检验、使用单位以及修理单位相互密切配合，做好修后的

检查和验收工作。

一、设备修理计划实施中的几个环节

1. 交付修理

设备使用单位应在修前认真做好生产任务的安排，按修理计划规定的日期，将需修设备移交修理单位。如果设备在安装现场进行修理，使用单位应在移交设备前，彻底擦洗设备，并把设备所在的场地打扫干净，移走成品或半成品，为修理作业提供必要的场地。

2. 修理施工

在修理过程中，应抓好以下几个环节：

（1）解体检查　设备解体后，由主修技术人员与修理工人密切配合，及时检查零部件的磨损、失效情况，特别要注意有无在修前未发现或未预测到的问题，并尽快发出下列技术文件和图样：①按检查结果确定的修换件明细表；②修改、补充的材料明细表；③修理任务书的局部修改与补充；④按修理装配的先后顺序要求，尽快发出临时制造的配件图样。计划调度人员会同修理工（组）长，根据解体检查的实际结果及修改补充的修理技术文件，及时修改和调整修理作业计划。

（2）生产调度　计划调度人员与修理工（组）长应每日检查作业计划的完成情况，特别要注意关键线路上的作业进度，应重视各工种之间作业的衔接，利用班前、班后各工种负责人参加的简短"碰头会"了解情况。如发现某项作业进度延迟，可根据网络计划上的时差，调动修理工人增加力量，把进度赶上去。总之，要做到不发生待工、待料和延误进度的现象。

（3）工序质量检查　修理工人在每道工序完毕经自检合格后，须经质量检验员检验，确认合格后方可转入下道工序。对重要工序（如导轨磨削），质量检验员应在零部件上作出"检验合格"的标志，避免以后发现漏检的质量问题时引起更多的麻烦。

（4）修复件和临时配件修造进度　修复件和临时配件的修造进度，往往是影响修理工作能否按计划进度完成的主要因素。应按修理装配先后顺序的要求，对修复件和临时配件逐件安排工序作业计划，找出薄弱环节，采取措施，保证满足修理进度的要求。

3. 竣工验收

设备修理完毕经修理单位试运转并自检合格后，按图7-4所示的程序办理竣工验收。验收由企业设备管理部门的代表主持，要认真检查修理质量和查阅各项修理记录是否齐全、完整。经设备管理部门、质量检验部门和使用单位的代表一致确认，通过修理已完成修理任务书规定的修理内容并达到规定的质量标准及技术条件后，各方代表在设备修理竣工报告单（见表7-11）上签字验收。如验收中交接双方意见不一，应报请企业总机械师（或设备管理部门负责人）裁决。

修理竣工验收后，修理单位将修理任务书、修换件明细表、材料明细表、试车及精度检验记录等作为附件，随同设备修理竣工报告单报送修理计划部门，作为考核计划完成的依据。

二、设备的委托修理

本企业在维修技术和能力上不具备自己修理需修设备的条件时，必须委托外企业承修。在我国，一些大型企业内部，生产分厂和修造分厂之间也实行了设备委托修理的办法，利用经济杠杆的作用来促进设备维修和管理水平的提高。

表 7-11　设备修理竣工报告单

使用单位：　　　　　　　　　　　　　　修理单位：　　　　　　　　　　　　　　　　　　　（正面）

设备编号	设 备 名 称		型号与规格	复杂系数		
				JF	*DF*	
设备类别	精 大 重 稀 关键 一般		修理类别		施工令号	
修理时间	计划	年 月 日至 年 月 日共停修 天				
	实际	年 月 日至 年 月 日共停修 天				
修 理 工 时 /h						
工种	计划	实际	工种	计划		实际
钳工			油漆工			
电工			起重工			
机加工			焊工			
修理费用/元						
名称	计划	实际	名称	计划		实际
人工费			电动机修理费			
备件费			劳务费			
材料费			总费用			
修理技术文件及记录	1. 修理任务书　　　　份。 2. 修换件明细表　　　份。 3. 材料表　　　　　　份。		4. 电气检查记录　　　份。 5. 试车记录　　　　　份。 6. 精度检验记录　　　份。			

（反面）

主要修理及改装内容	
遗留问题及处理意见	

总机动师批示	验收单位		修理单位		质检部门检验结论
	使用单位	操作者	计划调度员		
		机动员	修理部门		
		主管	机修工程师		
	设备管理 部门代表		电修工程师		
			主管		

制表时间：　　　年　　月　　日

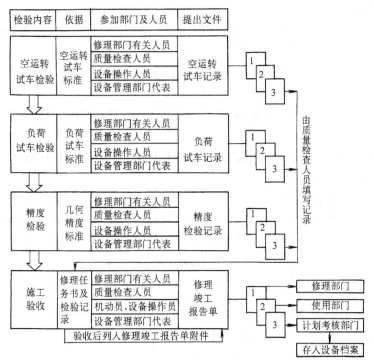

图 7-4　设备大修竣工验收程序

1. 办理设备委托修理的工作程序

（1）分析确定委托修理项目　根据年度设备修理计划和使用单位的申请，设备管理部门经过仔细分析，确认本企业对某（些）设备在技术上或维修能力上不具备自己修理的条件时，经主管领导同意后，可对外联系办理委托修理工作。

（2）选择承修企业　通过调查，选择修理质量高、工期短和服务信誉好的承修企业，应优先考虑本地区的专业修理厂或设备制造厂。对重大、复杂的修理项目，可招标确定承修企业。

（3）与承修企业协商签订合同　签订承修合同一般应经过以下步骤：①委托企业（甲方）向承修企业（乙方）提出设备修理委托书，其内容包括设备的编号、名称、型号、规格、制造厂及出厂年份，设备实际技术状态，主要修理内容，今后应达到的质量标准，要求的停歇天数及修理的时间范围；②乙方到甲方现场实地调查了解设备状态、作业环境及条件；③双方就设备是否要拆运到承修企业修理、主要部位的修理工艺、质量标准、停歇天数、验收办法及相互配合等事项进行协商；④乙方在确认可以保证修理质量及停歇天数的前提下，提出修理费用预算（报价）；⑤通过协商，双方对技术、价格、进度以及合同中必须明确规定的事项取得一致意见后，签订合同。

2. 修理合同的主要内容

1）委托单位（甲方）及承修单位（乙方）的名称和地址，法人代表及业务联系人的姓名。

2）所修设备的资产编号、名称、型号、规格和数量。

3）修理工作地点。

4）主要修理内容。

5）停歇天数及甲方可供修理的时间范围，甲方应提供的条件及配合事项。

6）修理费用总额（即合同成交额）及付款方式。

7）验收标准及方法，以及乙方在修理验收后应提供的技术记录及图样资料。

8）双方发生争议事项的解决办法，合同任何一方的违约责任。

9）双方认为应写入合同的其他事项，如保修期、乙方人员在甲方现场发生安全事故的处理等。

以上有些内容如在乙方标准格式的合同纸中难以说明时，可另形成附件，并在合同正本中说明附件是合同的组成部分。

三、设备修理计划的考核

企业生产设备的预防维修主要是通过完成各种修理计划来实现的。在某种意义上，修理计划完成率的高低反映了企业设备预防维修工作的优劣。因此，对企业及其各生产车间和机修车间，必须考核年度、季度、月份修理计划的完成率，并列为考核车间的主要技术经济指标之一。设备修理计划的考核指标参见表7-12。

表7-12 设备修理计划的考核指标

序号	指标名称	计 算 式	考核期	按年初计划考核的参考值	备注
1	小修计划完成率	$\dfrac{\text{实际完成台数}}{\text{计划台数}} \times 100\%$	月、季、年		JF 为机械部分的修理复杂系数
2	项修计划完成率	$\dfrac{\text{实际完成 }JF\text{ 的和}}{\text{计划完成 }JF\text{ 的和}} \times 100\%$	月、季、年	±10%	
3	大修计划完成率		月、季、年	±5%	
4	大修质量返修率	$\dfrac{\text{保修期内返修停歇台时}}{\text{返修设备实际大修停歇台时}} \times 100\%$	季、年	<1%	

第六节　设备维修用技术资料与文件

设备修理用技术资料为企业管好、用好、修好设备服务，是做好设备修理工作的重要依据，是编制修理技术文件的主要参考资料，它的准确性、积累齐全与否从一个侧面反映了企业设备管理工作的水平，直接影响设备修理工作的进度与质量。

一、设备维修用技术资料

设备维修用主要技术资料见表7-13。

表7-13 设备维修用主要技术资料

序号	名称	主 要 内 容	用 途
1	设备说明书	规格性能 机械传动系统图 液压系统图 电气系统图 基础布置图 安装、操作、使用、维修的说明	指导设备安装、使用、维修用

（续）

序号	名称	主 要 内 容	用 途
2	设备维修图册	外观示意图及基础图 机械传动系统图 液压系统图 电气系统图及线路图 滚动轴承位置图 组件、部件装配图 备件图 滚动轴承，液压元件，电子（气）元件，带、链条等外购件明细表	供维修人员分析、排除故障，制订修理方案，制造储备配件用
3	各动力站设备布置图及厂区车间动力管线网图	变配电所、空气压缩机站、锅炉房、煤气站等各动力站房设备布置图 厂区车间供电系统图 厂区电缆走向及坐标图 厂区、车间蒸汽、压缩空气、供水管路图 厂区、车间下水道图	供检查维修用
4	设备修理工艺规程	拆卸程序及注意事项 零部件的检查修理工艺及质量要求 主要部件装配、总装配工艺及质量要求 需用的设备，工、检、研具及工艺装备	指导维修工人进行修理作业
5	备件制造工艺规程	工艺程序及所用设备 专用工、夹具及其图样 检验方法，注意事项	指导备件制造作业
6	专用工、检、研具图	设备修理用各种专用工、检、研具及装备的制造图	供制造及定期检定用
7	修理质量标准	各类设备磨损零件修换标准 各类设备修理装配通用技术条件 各类设备空运转及负荷试车标准 各类机床几何精度及工作精度检验标准	设备修理质量检查和验收的依据
8	设备试验规程	目的和技术要求 试验程序、方法及需用量具和仪器 安全防护措施	鉴定设备的性能以及是否符合国家规定的有关安全规程
9	其他参考技术资料	有关国际标准及外国标准 有关国家技术标准 工厂标准 国内外设备维修先进技术、经验，新技术、新工艺、新材料等有关资料 各种技术手册 各种设备管理与维修期刊等	维修技术工作参考用

二、设备修理用技术文件

设备修理用技术文件是为了及时、合理、经济地进行修理活动，提高修理质量而编制的一系列信息记录，包括修理任务书、修换件明细表、材料明细表和修理工艺等。它是修前材料和备件准备的依据；制订修理定额与预算修理费用的依据；编制修理作业计划的依据；指导修理作业的依据；检查和验收修理质量的标准。设备修理用技术文件编制得是否先进、合理，与设备维修用技术资料是否准确、齐全密切相关。

1. 修理任务书

修理任务书是修理设备重要的指导性技术文件，其中规定了设备的主要修理内容、应遵守的修理工艺规程和应达到的质量标准。

（1）编制程序　①详细调查设备修前的技术状态、存在的主要问题及生产、工艺对设备的要求；②针对设备的磨损情况，分析确定采用的修理方案、主要零部件的修理工艺以及修后的质量要求；③将草案送使用单位征求意见并会签，然后由有关技术负责人审查批准。

（2）编制内容　①设备修前技术状态。如工作精度、几何精度、主要性能、主要零部件磨损情况、电气装置及线路的主要缺损情况、液压和润滑系统的缺损情况、安全防护装置的缺损情况以及其他需要说明的缺损情况；②主要修理内容，说明要解体、清洗和修换的部位，说明基准件、关键件的修理方法，说明必须仔细检查、调整的机构，治理水、油、气的泄漏，检查、修理、调整安全防护装置，外观修复的要求以及其他需要进行修理的内容；结合修理进行预防性试验的要求；结合修理需要进行改善维修的内容；使用的典型修理工艺规程或专用修理工艺规程的资料编号；③修理质量要求，逐项说明应按哪些通用、专用修理质量标准检查和验收。

设备修理任务书的格式见表7-14。

表 7-14　设备修理任务书

第　　页，共　　页

使用单位		修理复杂系数（机/电）	
设备编号		修理类别	
设备名称		承修单位	
型号规格		施工令号	

设备修前技术状态：

第　　页，共　　页

主要修理内容：

第　　页，共　　页

修理质量要求：

| 批　　准 | 审　　核 | 使用单位设备员 | 主修技术人员 |
| | | | |

制表时间：　　年　　月　　日

2. 修换件明细表

应列入修换件明细表的零件是：①铸、锻、焊件毛坯的更换件；②制造周期长、精度高的更换件；③需要外购的大型零部件，如高精度滚动轴承、滚珠丝杠副、液压元件、气动元件、密封件、链条、片式离合器的摩擦片等；④制造周期不长，但需要量大的零件；⑤施工时修复的主要零件。

需要以毛坯或半成品形式准备的零件以及需要成对（组）准备的零件，应在修换件明细表中说明。对于流水线上的设备和重点设备、关键设备，当采用"部件修理法"可明显缩短停歇天数并获得良好的经济效益时，应考虑按部件准备。

修换件明细表的格式见表 7-15。

表 7-15　设备修换件明细表

第　　页，共　　页

设备编号			设备名称						
型号规格			F（机/电）				修理类别		
序号	零件名称		图号、件号、标准号	材质	单位	数量	单价/元	总价/元	备注
~~	~~~	~~~	~~~	~~~	~~~	~~~	~~~	~~~	~~~
编制人				本页费用小计					

制表时间：　　年　　月　　日

3. 材料明细表

设备修理常用材料品种：①各种型钢，如圆钢、钢板、钢管、槽钢、工字钢、钢轨等；②有色金属型材，如铜管、铜板、铝合金管、铝合金板等；③电气材料，如电气元件、电线、电缆、绝缘材料等；④橡胶、塑料及石棉制品；⑤管道用保温材料；⑥砌炉用各种砌筑材料及保温材料；⑦润滑油脂；⑧其他直接用于设备修理的材料。

材料明细表的格式见表 7-16。

表 7-16　设备修理材料明细表

第　　页，共　　页

设备编号			设备名称						
型号规格			F（机/电）				修理类别		
序号	材料名称		标准号	材质	单位	数量	单价/元	总价/元	备注
~~	~~~	~~~	~~~	~~~	~~~	~~~	~~~	~~~	~~~
编制人				本页费用小计					

制表时间：　　年　　月　　日

三、设备修理信息管理

设备修理信息是指在修理活动的全过程中收集到的资料、数据、信号以及产生的文件、指令、消息等。设备维修用技术资料与技术文件是设备修理信息的主要组成部分。

设备修理信息的管理，是指对设备修理信息进行收集、加工、传输、贮存、检索和输出等一系列工作。

设备修理信息是重要的修理资源，能产生新的价值。加强设备修理信息管理，充分利用信息，可以达到适时修理、提高修理质量和效率的目的。

1. 修理信息的种类与来源

除了设备维修用技术资料与技术文件外，设备修理信息还包括各项修理定额，各种修理计划与统计报表，各种检修记录与检验记录、管理指令等，可分为修理技术信息和修理经济信息两大类。

设备修理的技术信息主要包括设备的技术状态、修理内容及所采用的修理工艺，其资料来源有：①反映设备修前技术状态的定期检查记录、状态监测记录、年度普查记录、故障修理记录等；②修理用图样及各种修理技术文件、修理中的技术记录及修后的检验记录等。

设备修理的经济信息主要包括修理工时、停歇天数及其构成、修理费用及其构成等，其资料来源有：①年、季、月设备修理计划；②施工作业计划及工程预算；③修前编制的更换件明细表及材料明细表；④有关修理工时、进度、备件、材料、外协劳务费等的原始记录和凭证以及统计资料。

2. 修理信息流程

在企业修理活动的全过程中，设备修理信息始终在企业各部门之间传递。在传递过程中，设备修理信息被收集、贮存、加工、检索、使用，为修理活动的全过程服务。修理信息流程是指设备修理信息传递网络，它随企业维修管理组织结构的不同而有所不同，各企业可按自己的具体情况，制订适合本企业所需要的设备修理信息流程。

3. 修理信息的加工与存储

（1）修理信息的加工　修理信息必须经整理加工才能变为可用信息，这是修理信息管理的目的。例如：设备的定期检查记录、状态监测记录、年度普查记录等收集到的信息，必须经过加工（综合分析加以概括）才能变为设备修理的信息（某一设备是否需要修理？修理哪些部位？何时修理较为适宜？），从而提出修理任务书。可见，修理信息加工是修理信息管理的重要环节，管理人员必须具备加工处理信息的知识和技能。

（2）修理信息的存储　信息可以传递，可以存储，可以共享。设备修理的信息经加工处理后，既可用于指导设备的修理工作，也可存储起来。当数据积累多了，便有可能发现貌似偶然的现象和数据的规律性，从而反过来指导今后设备的修理工作。

复习思考题

7-1　设备修理的含义是什么？修理类别有哪些？

7-2　什么是修理周期、修理间隔期、修理周期结构？

7-3　年度、季度、月份修理计划之间有何关系？

7-4　修理计划的编制依据是什么？

7-5　设备修前要做哪些技术准备和生产准备？

7-6　预检的主要内容有哪些？

7-7　设备修理计划的实施应注意抓好哪些环节？

7-8　什么是设备修理复杂系数？它有哪些主要用途？

7-9　什么是修理工时定额和设备修理停歇时间定额？

7-10　设备修理技术文件主要有哪些？

7-11　修理任务书的主要内容有哪些？

第八章　备件管理

备件是设备维修工作必不可少的物质基础。一个固定资产上亿元的企业，备件种类有几千种，占用流动资金达几百万元。备件管理是设备维修活动的重要组成部分，只有遵循"既要满足维修需要，又要尽可能降低备件储备量"的原则，合理地确定备件储备定额，精心安排备件的计划、生产、订货、供应，才能使设备维修工作完成得既保质保量又经济省时，减少备件对流动资金的占用，加速企业流动资金的周转，降低成本。

第一节　备件管理概述

在设备维修工作中，为了恢复设备的性能和精度，需要用新制的或修复的零部件来更换磨损的旧件，通常把这种新制的或修复的零部件称为配件。为了缩短修理停歇时间，减少停机损失，对某些形状复杂、要求高、加工困难、生产（或订货）周期长的配件，在仓库内预先储备一定数量，这种配件称为备品，总称为备品配件，简称备件。

一、备件的范围

1）所有的维修用配套产品，如滚动轴承、带、链条、继电器、低压电器开关、热元件、皮碗油封等。

2）设备结构中传递主要负荷、负荷较重结构又较薄弱的零件。

3）保持设备精度的主要运动件。

4）特殊、稀有、精密设备的一切更换件。

5）因设备结构不良而产生不正常损坏或经常发生故障的零件。

6）因受热、受压、受冲击、受摩擦、受交变载荷而易损坏的一切零、部件。

库存备件应与设备、低值易耗品、材料、工具等区分开来，但是少数物品难于准确划分，各企业的划分范围也不相同，只能在方便管理和领用的前提下，根据企业的实际情况确定。

二、备件的分类

备件的分类方法很多，下面主要介绍三种常用的分类方法。

1. 按备件传递的能量分类

（1）机械备件　是指在设备中通过机械传动传递能量的备件。

（2）电器配件　是指在设备中通过电器传递能量的备件，如电动机、电器、电子元件等。

2. 按备件的来源分类

（1）自制备件　是指企业自行加工制造的专用零件。

（2）外购备件　是指设备制造厂生产的标准产品零件，这些产品均有国家标准或有具体的型号规格，有广泛的通用性。这些备件通常由设备制造厂和专门的备件制造厂生产和供应。

3. 按零件使用特性（或在库时间）分类

（1）常备件　是指使用频率高、设备停机损失大、单价比较便宜的需经常保持一定储备量的零件，如易损件、消耗量大的配套零件、关键设备的保险储备件等。

（2）非常备件　是指使用频率低、停机损失小和单价昂贵的零件。

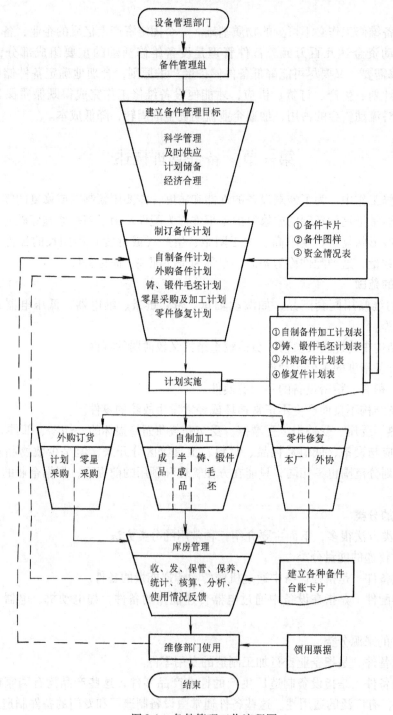

图 8-1　备件管理工作流程图

三、备件管理的目标与任务

备件管理是指备件的计划、生产、订货、供应、储备的组织与管理，是设备维修资源管理的主要内容。

备件管理的目标是在保证提供设备维修需要的备件，提高设备的使用可靠性、维修性和经济性的前提下，尽量减少备件资金，也就是要求做到以下四点：①把设备计划修理的停歇时间和修理费用减少到最低程度；②把设备突发故障所造成的生产停机损失减少到最低限度；③把备件储备压缩到合理供应的最低水平；④把备件的采购、制造和保管费用压缩到最低水平。

备件管理的主要任务是：①及时供应维修所需的合格备件。为此，必须建立相应的备件管理机构和必要的设施，科学合理地确定备件的储备形式、品种和定额，做好保管供应工作。②重点做好关键设备的备件供应工作，保证其正常运行，尽量减少停机损失。③做好备件使用情况的信息收集和反馈工作。备件管理人员和维修人员要经常收集备件使用中的质量信息、经济信息，及时反馈给备件技术人员，以便改进备件的使用性能。④在保证备件供应的前提下，尽量减少备件的储备资金。影响备件管理成本的因素有：备件资金占用率，库房占用面积，管理人员数量，备件制造采购的质量、价格以及库存损失等。因此，应努力做好备件的计划、生产、采购、供应、保管等工作，压缩储备资金，降低备件管理成本。

备件管理工作流程如图8-1所示。

第二节　备件的技术管理

备件管理工作要紧紧围绕合理储备备件这个中心展开,只有科学合理地储备与供应备件,才能使设备的维修任务完成得既经济又能保证进度。否则,如果备件储备过多,造成积压,不但增加库房面积,增加保管费用,而且影响企业流动资金的周转,增加产品成本;储备过少,就会影响备件的及时供应,从而影响设备的修理进度,延长停歇时间,使企业的生产活动和经济效益遭受损失。因此,如何做到合理储备,是备件技术管理要研究的主要课题。

一、备件储备的原则

1）使用期限不超过设备修理间隔期的全部易损零件。

2）使用期限大于修理间隔期但同类型设备多的零件。

3）生产周期长的大型零件，复杂的锻、铸件（如带花键孔的齿轮、锤杆和锤头等）。

4）需外厂协作制造的零件和需外购的标准件（如V带、链条、滚动轴承、电气元件）、配件、成品件等。

5）重要、专用、精密、动力设备和关键设备的重要配件。

二、备件的储备形式

备件的储备形式通常按下列两个方面分类。

（1）按备件的作用分类　可分为经常储备、保险储备和特准储备三种形式。

经常储备又称周转储备，它是为保证企业设备日常维修而建立的备件储备，是为满足前后两批备件进厂间隔期内的维修需要的。设备的经常储备是流动、变化的，经常从最大储备量逐渐降低到最小储备量，是企业备件储备中的可变部分。

保险储备（又称安全裕量）是为了在备件供应过程中防止因发生运输延误、交货拖欠或收不到合格备件需要退换，以及维修需用量猛增等情况，致使企业的经常储备中断，生产陷于停顿，从而建立的可供若干天维修需要的备件储备，它在正常情况下不动用，是企业备件储备中的不变部分。

特准储备是指在某一计划期内超过正常维修需要的某些特殊、专用、稀有精密备件以及一些重大科研、试验项目需用的备件，经上级批准后建立的储备。

（2）按备件的储备形态分类　可分为成品储备、半成品储备、毛坯储备、成对（成套）储备和部件储备。

在设备的任何一种修理类别中，有绝大部分备件要保持原有的精度和尺寸，在安装时不需要再进行任何加工，这部分备件可采用成品储备的形式进行储备。

有些零件需留有一定的修配余量，以便在设备修理时进行修配或作尺寸链的补偿。对这些零件来说，可采用半成品储备的形式进行储备。

对某些机加工工作量不大的以及难以决定加工尺寸的铸锻件和特殊材料的零件，可采用毛坯储备的形式进行储备。

为了保证备件的传动精度和配合精度，有些备件必须成对（成套）制造和成对（成套）使用，对这些零件来说，宜采用成对（成套）储备的形式进行储备。

对于生产线（流水线、自动线）上的关键设备的主要部件，或制造工艺复杂、精度要求高、修理时间长、设备停机修理综合损失大的部件以及拥有量很多的通用标准部件，可采用部件储备的形式进行储备。

三、备件的储备定额

1. 备件储备定额的构成

备件的储备量随时间的变化规律，可用图 8-2 描述。当时间为 O 时，储备量为 Q；随着时间的推移，备件陆续被领用，储备量逐渐递减；当储备量递减至订货点 Q_d 时，采购人员以 Q_p 批量去订购备件，并要求在 T 时间段内到货（T 称为订货周期）；当储备量降至 Q_{min} 时，新订购的备件入库，备件储备量增至 Q_{max}，从而走完一个"波浪"，又开始走一个新"波浪"。因此，备件储备定额包括：最大储备量 Q_{max}、最小储备量 Q_{min}、每次订货的经济批量 Q_p 和订货点 Q_d。

因为备件储备量的实际变化情况不会像图 8-2 那样有规律（见图 8-3），所以必须有一个最小储备量，以供不测之需。最小储备量定得越高，发生缺货的可能性越小；反之，发生缺货的可能性越大。因此，最小储备量实际上是保险储备。

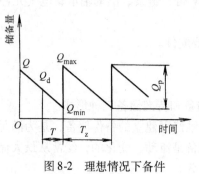

图 8-2　理想情况下备件
储备量的变化规律

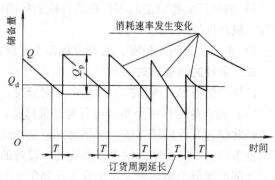

图 8-3　实际备件储备量变化情况

最小储备量在正常情况下是闲置的，企业还要为它付出储备流动资金及持有费用，但又不能盲目降低最小储备量，否则可能发生备件缺货。怎样才能降低最小储备量？这取决于对未来备件消耗量作出准确的预测。

对备件过去的消耗量进行统计分析，可以预测备件将来的消耗趋势。目前，还没有一个通用的预测方法，企业可根据实际情况灵活制订预测方法。

2. 备件储备定额的确定

确定备件订货点应以订货周期内备件消耗量预测值（用 N_h 表示）为依据，要求订货点储备量必须足够用到新备件进库，即订货点 Q_d 大于订货周期内的备件消耗量。

备件订货点

$$Q_d = kN_h \tag{8-1}$$

式中　k——保险系数，一般取 $k = 1.5 \sim 2$；

　　N_h——订货周期内备件消耗量预测值。

备件的最小储备量

$$Q_{min} = (k - 1)N_h \tag{8-2}$$

备件订货的经济批量

$$Q_p = \sqrt{2NR/ID} \tag{8-3}$$

式中　N——备件的年度消耗量；

　　R——每次订货的订购费用；

　　I——年度的持有费率，以库存备件金额的百分率来表示；

　　D——备件的单价。

备件的最大储备量

$$Q_{max} = Q_{min} + Q_p \tag{8-4}$$

例 8-1　某厂有两台啤酒装箱机和两台卸箱机，它们都使用同一种备件——夹瓶罩（橡胶制品）。夹瓶罩的单价为 1 元，年持有费率为 20%，年消耗量为 522 件（往年统计数字），订货周期为 30 天，订货周期内夹瓶罩消耗量的预测值为 105 件。每次订货费为 20 元，试确定夹瓶罩的储备定额。

根据题意：已知 $N_h = 105$ 件，$N = 522$ 件，$R = 20$ 元，$I = 20\%$，$D = 1$ 元/件。另外，k 取 1.7。

备件订货点

$$Q_d = kN_h = 1.7 \times 105 \text{ 件} = 179 \text{ 件}$$

备件的最小储备量

$$Q_{min} = (k - 1)N_h = (1.7 - 1) \times 105 \text{ 件} \approx 74 \text{ 件}$$

备件订货的经济批量

$$Q_p = \sqrt{2NR/ID} = (\sqrt{2 \times 522 \times 20/0.2 \times 1}) \text{ 件} \approx 323 \text{ 件}$$

备件的最大储备量

$$Q_{max} = Q_{min} + Q_p = (74 + 323) \text{ 件} = 397 \text{ 件}$$

第三节　备件的计划管理与经济管理

一、备件的计划管理

备件计划管理是指通过对备件消耗量的预测，结合本企业的生产维修能力、设备维修计划以及备件市场供应情况来编制备件生产、订货、储备和供应计划等工作。同时，做好各项计划的组织、实施和检查工作，以保证企业的生产和设备维修的需要以及备件管理的经济性。

1. 备件计划的分类

（1）按备件的计划时间分类　可分为年度备件计划、季度备件计划和月度备件计划。

（2）按备件的来源分类　可分为自制备件生产计划（包括成品、半成品计划，铸锻件毛坯计划和修复件计划等）和外购备件采购计划。

2. 编制备件计划的依据

1）年度设备修理需要的零件。以年度设备修理计划和修前编制的更换件明细表为依据，由承修部门提前 3 ~ 6 个月提出申请计划。

2）各类零件统计汇总表。包括：①备件库存量；②库存备件领用、入库动态表；③备件最低储备量的补缺件。由备件库根据现有的储备量及储备定额，按规定时间及时申报。

3）定期维护和日常维护用备件。由车间设备员根据设备运转状况和备件情况，提前三个月提出备件计划。

4）本企业的年度生产计划及机修车间、备件生产车间的生产能力、材料供应等情况分析。

5）本企业备件历史消耗记录和设备开动率。

6）临时补缺件。设备在大修、项修及定期维护时，临时发现需要更换的零件以及已制成和购置的配件不适用或损坏的急件。

7）本地区的备件生产和协作供应情况。

二、备件的经济管理

备件的经济管理工作主要是备件库存资金的核定、出入库账目的管理、备件成本的审定、备件消耗统计和备件各项经济指标的统计分析等。经济管理贯穿于备件管理工作的全过程。

1. 备件储备资金的核定

备件资金主要来源于企业流动资金中的储备资金，各企业按照一定的核算方法确定。核算的目的是为了减少占用资金，以加速流动资金的周转，使备件既要满足维修的需要，又要求尽量减少储备。为此，规定有备件的储备资金定额，其资金只能由属于备件范围内的物资占用。核定方法一般有以下几种：

1）按备件卡上规定的储备定额逐项核算累计而得。这种方法的合理程度取决于备件卡的准确性和科学性，缺乏企业间经济的可比性。

2）按照本年度的库存资金、消耗金额以及下年度的预计资金周转期，并结合下一年度的设备检修计划与本年度计划相比较进行计算，具体公式为

$$\text{储备资金} = \frac{\text{本年度全年}}{\text{消耗金额}} \times \frac{\text{预计资金}}{\text{周转期}} \times \frac{\text{下年度设备检修 } F \text{ 总和}}{\text{本年度设备检修 } F \text{ 总和}} \tag{8-5}$$

式中的预计资金周转期可参照本年度实际达到的资金周转期进行推算。

3）按照设备原购置总值的 2% ~ 3% 估算。这种方法只要知道设备固定资产原值就可以算出备件储备资金，计算简单，也便于企业间比较，但核定的资金指标偏于笼统，与企业的生产实际情况特别是设备的利用、维修和磨损情况联系较差。

4）按照典型设备推算确定。这种方法计算简单，但准确性差，设备和备件储备品种较少的小型企业可采用这种方法，并在实践中逐步修订完善。

2. 备件经济管理考核指标

（1）备件资金周转期 在企业中，减少备件资金的占用和加速周转具有很大的经济效益，也是反映企业备件管理水平的重要经济指标，其计算公式为

$$资金周转期 = \frac{年平均库存金额}{年消耗金额} \tag{8-6}$$

备件资金周转期一般为一年半左右，应不断压缩。若周转期过长造成占用资金过多，企业就应对备件卡上的储备品种和数量进行分析、修正。

（2）备件库存资金周转率 它是用来衡量库存备件占用的每元资金实际上满足设备维修需要的效率，其计算公式为

$$库存资金周转率 = \frac{年备件消耗总额}{年平均库存金额} \times 100\% \tag{8-7}$$

（3）资金占用率 它用来衡量备件储备占用资金的合理程度，以便控制备件储备的资金占用量。其计算公式为

$$资金占用率 = \frac{备件储备资金总额}{设备原购置总值} \times 100\% \tag{8-8}$$

（4）资金周转加速率

$$资金周转加速率 = \frac{上期资金周转率 - 本期资金周转率}{上期资金周转率} \times 100\% \tag{8-9}$$

第四节 备件库管理与库存 ABC 管理法

备件库的管理是指备件的入库、保管、领用等管理工作。

一、备件库的管理

1. 对备件库的要求

1）备件库应符合一般仓库的技术要求，做到干燥、通风、明亮、无尘、无腐蚀气体，有防汛、防火、防盗设施等。

2）备件库的面积应根据各企业对备件范围的划分和管理形式自定，一般按每个设备修理复杂系数 0.01 ~ 0.04m^2 范围参考选择。

3）备件库除配备办公桌、资料柜、货架、吊架外，还应配备简单的检验工具、拆箱工具、去污防锈材料和涂油设施、手推车等运输工具。

2. 备件入库和保管

1）有申请计划并已被列入备件计划的备件方能入库，计划外的备件须经设备管理负责人和备件管理员批准方能入库。

2）自制备件必须由检验员按图样规定的技术要求检验合格后填写入库单入库，外购件

必须附有合格证并经入库前复验，填写入库单后入库。

3）备件入库后应登记入账，涂油防锈，挂上标签，并按设备属性、型号分类存放，便于查找。

4）入库备件必须保管好，维护好。入库的备件应根据备件的特点进行存放，对细长轴类备件应垂直悬挂，一般备件也不要堆放过高，以免零件压裂或产生磕痕、变形等。

5）备件管理工作要做到"三清"（规格、数量、材质）、"两整齐"（库容、码放）、"三一致"（账、卡、物）、"四定位"（区、架、层、号），定期盘点（每年盘点 1 ~ 2 次），定期清洗维护；做好梅雨季节的防潮工作，防止备件锈蚀。

3. 备件的领用

1）备件领用一律实行以旧换新，由领用人填写领用单，注明用途、名称、数量，以便对维修费用进行统计核算，按各厂规定执行领用的审批手续。

2）对大、中修中需要预先领用的备件，应根据批准的备件更换清单领用，在大、中修结束时一次性结算，并将所有旧件如数交库。

3）支援外厂的备件须经过设备管理负责人批准后方可办理出库手续。

4. 备件的处理

备件管理员应经常了解设备情况，凡符合下列条件之一的备件，应及时准予处理，办理注销手续。

1）设备已报废，厂内已无同类型设备。

2）设备已改造，剩余备件无法利用。

3）设备已调拨，而备件未随机调拨，本厂又无同型号设备。

4）由于制造质量和保管不善而无法使用，且无修复价值（经备件管理员组织有关技术人员鉴定），报有关部门批准，但同时还必须制订出防范措施，以防类似事件的重复发生。

对于前三种原因需处理的备件，应尽量调剂，回收资金。

二、备件库存 ABC 管理法

备件库存的 ABC 管理法，是物资管理中 ABC 分类控制在备件管理中的应用。它是根据备件的品种规格、占用资金和各类备件库存时间、价格差异等因素，对品种繁多的备件进行分类排队，实行资金的重点管理。这样，既能简化备件的管理工作，又能提高备件管理的经济效益。

1. 备件的 ABC 分类方法

一般是按备件品种和占用资金的多少将备件分成 ABC 三类。各类备件所占的品种数及库存资金见表 8-1。

表 8-1　ABC 类备件所占品种数及库存资金分布表

备件分类	品种数占库存品种总数的比重	占用资金占总库存资金的比值
A 类	约占 15%	约为 70%
B 类	约占 25%	约为 20%
C 类	约占 60%	约为 10%
合计	100%	100%

因为备件的库存量是动态变化的，所以，在不同时刻统计的备件总库存资金及各备件占用资金可能出入较大，导致按总库存资金及各备件占用资金对备件做 ABC 分类的误差较大。为使备件 ABC 分类准确合理，可以依据一年内备件消耗总额及各备件消耗金额进行分类。因为备件的总库存资金与备件在一年内的消耗总额成正比，每种备件对库存资金的占用量也与这种备件的消耗金额成正比。ABC 分类一般经过以下几个步骤：

1）计算在一年内各品种备件的消耗金额，计算公式如下

消耗金额 = 某种备件的单价 × 该种备件的全年消耗量

2）按每种备件消耗金额大小，降序排列，并依次列出累计消耗金额。

3）按顺序计算累计消耗金额占全部备件消耗总额的百分比。

4）按一定标准进行分类。

例 8-2 假设某厂有 10 种备件，这些备件的单价以及在一个年度内的消耗数量、消耗金额见表 8-2。试对这些备件做 ABC 分类。

表 8-2 备件 ABC 分类计算表

品种目录	单价/元 ①	消耗数量 ②	消耗金额/元 ③ = ① × ②	累计消耗金额/元 ④ = Σ③	累计消耗金额占消耗总额的比值 ⑤ = ④/消耗总额	ABC分类	占品种总数的比重	占总库存资金的比值
丁备件	760	5	3800	3800	40%	A	20%	72%
乙备件	380	8	3040	6840	72%			
丙备件	47.5	20	950	7790	82%	B	30%	20% (92% ~ 72%)
甲备件	28.5	20	570	8360	88%			
戊备件	10	38	380	8740	92%			
己备件	5	38	190	8930	94%	C	50%	8% (100% ~ 92%)
癸备件	3	57	171	9101	95.8%			
辛备件	2	76	152	9253	97.4%			
庚备件	1	133	133	9386	98.8%			
壬备件	2	57	114	9500	100%			

2. ABC 类备件的库存控制策略

（1）A 类备件　A 类备件在企业的全部备件中品种少，占用的资金数额大。因此，对于 A 类备件必须严加控制，利用储备理论确定适当的储备量，尽量缩短订货周期，增加采购次数，以加速备件储备资金的周转。

（2）B 类备件　B 类备件品种比 A 类备件多，占用的资金比 A 类少。对 B 类备件，可根据维修的需要，适当控制这类备件的储备，适当延长订货周期，减少采购次数。

（3）C 类备件　C 类备件的品种很多，但占用的资金很少。对 C 类备件，应以充分保证维修需要为前提，储备量可大一些，订货周期可长一些，减少对这类备件管理的工作量，将管理重点放在 A 类备件上。

究竟什么品种的备件储备多少，科学的方法是按储备理论进行定量计算。以上所述的 ABC 分类法，仅作为一种备件的分类方法，以确定备件管理重点。在通常情况下，应把主要工作放到 A 类和 B 类备件的管理上。

复习思考题

8-1 备件及备件管理的含义是什么？

8-2 备件管理的目标和任务是什么？

8-3 备件的范围是什么？

8-4 按备件的储备形态来分，备件的储备形式有哪些？

8-5 备件储备定额包括哪些？

8-6 简述在备件管理中怎样采用 ABC 管理法。

8-7 在备件经济管理中主要考核哪些指标？

8-8 灌装机上的尼龙滚轮年消耗量为 216 件，单价为 3 元，年持有费率为 15%，订货周期为 30 天，在订货周期内尼龙滚轮消耗量的预测值为 36 件。每次订货费为 20 元，试确定尼龙滚轮的储备定额。

第九章　特种设备的使用管理

第一节　概　　述

根据国务院《特种设备安全监察条例》，特种设备是指涉及生命安全、危险性较大的锅炉、压力容器（含气瓶）、压力管道、电梯、起重机械、客运索道、大型游乐设施和场（厂）内专用机动车辆。

一、特种设备类型

（1）锅炉　指利用各种燃料、电或者其他能源，将所盛装的液体加热到一定的参数，并承载一定压力的密闭设备。其范围规定为容积大于或者等于30L的承压蒸汽锅炉；出口水压大于或者等于0.1MPa（表压），且额定功率大于或者等于0.1MW的承压热水锅炉、有机热载体炉。

（2）压力容器　指盛装气体或者液体，承载一定压力的密闭设备。其范围规定为最高工作压力大于或者等于0.1MPa（表压），且压力与容积的乘积大于或者等于2.5MPa·L的气体、液化气体和最高工作温度高于或者等于标准沸点的液体的固定式容器和移动式容器；盛装公称工作压力大于或者等于0.2MPa（表压），且压力与容积的乘积大于或者等于1.0MPa·L的气体、液化气体和标准沸点等于或者低于60℃液体的气瓶、氧舱等。

（3）压力管道　指利用一定的压力，用于输送气体或者液体的管状设备。其范围规定为最高工作压力大于或者等于0.1MPa（表压）的气体、液化气体、蒸汽介质或者可燃、易爆、有毒、有腐蚀性、最高工作温度高于或者等于标准沸点的液体介质，且公称直径大于25mm的管道。

（4）电梯　指动力驱动，利用沿刚性导轨运行的箱体或者沿固定线路运行的梯级（踏步），进行升降或者平行送人和货物的机电设备，包括载人（货）电梯、自动扶梯和自动人行道等。

（5）起重机械　指用于垂直升降或者垂直升降并水平移动重物的机电设备，其范围规定为额定起重量大于或者等于0.5t的升降机；额定起重量大于或者等于1t，且提升高度大于或者等于2m的起重机和承重形式固定的电动葫芦等。

（6）客运索道　指动力驱动，利用柔性绳索牵引箱体等运载工具运送人员的机电设备，包括客运架空索道、客运缆车和客运拖牵索道等。

（7）大型游乐设施　指用于经营目的，承载乘客游乐的设施，其范围规定为设计最大运行线速度大于或者等于2m/s，或者运行高度距地面高于或者等于2m的载人大型游乐设施。

（8）场（厂）内专用机动车辆　指除道路交通、农用车辆以外，仅在工厂厂区、旅游景区、游乐场所等特定区域使用的专用车辆。

二、特种设备使用管理的重要性

特种设备的安全工作方针是"安全第一、预防为主"。对特种设备实施安全管理，就是通过管理的手段，确保特种设备安全运行，有效防范事故的发生，保障人民生命、国家财产安全，维护社会稳定和促进经济发展。

特种设备在使用过程中，经受高温、高压、介质腐蚀和动载荷的影响，有的在高空、高速下运行，因使用管理不善、人员素质不高、责任心不强，发生超温、超压、超载等，一旦发生事故，会造成严重的人身伤亡及财产损失。因此，世界主要工业发达国家对特种设备管理都给予了高度重视，并利用法律、行政、经济手段等各种强制措施予以监督管理，实施安全监察。

据国家质量监督检验检疫总局2010年特种设备的事故通报，全国共发生锅炉、压力容器、气瓶、压力管道、电梯、起重机械、游乐设施、厂内机动车辆等严重以上事故共296起，死亡351人，受伤247人，直接经济损失6681万元，约占68%的特种设备事故是发生在使用过程中。而在使用过程中的事故所造成人民生命和国家财产损失也最大。因此提高特种设备使用环节的安全管理水平，是保证特种设备安全的核心。

三、特种设备使用管理安全检查的基本要求

国务院《特种设备安全监察条例》明确对特种设备实施全方位、全过程的安全监察，可概括为设计、制造、安装、使用、检验、维修（保养）、改造等七个环节，其中使用环节的安全监察是中心、是关键。特种设备只有在使用中才能发挥其使用价值。安全监察的七环节中，设计、制造、安装是"先天"造就特种设备的品质；检验、维修和改造是"后天"保证特种设备的功能，只有使用才"实现"其内在品质的功能。

特种设备安全监察的重点是使用环节，特种设备使用单位应当严格执行《特种设备安全监察条例》和有关安全生产的法律、行政法规的规定，保证特种设备的安全使用。各级特种设备安全监督管理部门的监察重点是集中力量和精力搞好使用环节的安全监察，努力提高特种设备的使用管理水平。

使用管理安全监察的主要方式是：对特种设备实行使用登记制度，对特种设备作业人员实行考核发证制度，对使用单位实施"三落实、两有证"的情况进行监督检查制度，建立对特种设备实行定期检验的制度，对特种设备实施现场安全监察制度，逐步建立特种设备动态监督管理机制。实施定期检验的具体工作，由省级以上特种设备安全监督管理部门认可并授权的检验单位进行。

四、使用单位实施使用管理的总体要求

特种设备使用管理是设备管理的重要组成部分，使用管理包含特种设备"一生"的管理，包括特种设备物质形态的管理和运动形态的管理。前者称为技术管理，后者称为经济管理，其目的是为了达到正常运行，确保特种设备处于最佳状态，同时要使特种设备的最初投资、运行费用、检修和更新改造的经济性达到最好效益的原则，或者说使用寿命最长，充分体现管理就是通过采取有效措施，保证特种设备高效率、长寿命、安全可靠、经济运行，使得使用单位降低生产成本，获得最佳经济效益。

特种设备使用管理是一项系统工程，已涉及延伸到第一、第二、第三产业的各个领域。由于特种设备的结构、种类和工况条件、用途各不相同，在各产业之间、各行业之间、各部门之间的管理形式亦不尽相同，管理工作的基础也各有特点。但无论何种设备也不论它属于哪一产业或行业，其使用管理工作都具有相似的主要特点。人们从多年特种设备使用管理的实践和经验教训中，总结出使用管理工作的要点为"三落实、两有证"和"正确使用"、"精心维修保养"。正确做好这些工作，特种设备安全使用就有了根本保障。

1. "三落实"的内容

落实安全生产责任制；落实安全管理机构、人员和各项管理制度及操作规程；落实定期检验。

（1）落实安全生产责任制 "安全责任重于泰山"。党和国家历来对安全生产工作高度重视，一旦发生重大安全事故，不仅会造成无法弥补的重大损失，也会影响经济建设的发展，甚至危及社会稳定。

为了有效地防范特大安全事故的发生，严肃追究特大安全事故的行政责任，保障人民群众生命和财产安全，国务院令第302号颁布了《国务院关于特大安全事故行政责任追究的规定》，其中第二条规定：地方人民政府主要领导人和政府有关部门正职负责人对下列特大安全事故的防范、发生，依照法律、行政法规和该规定的规定有失职、渎职情形或者负有领导责任的，依照该规定给予行政处分；构成玩忽职守罪或者其他罪的，依法追究刑事责任。

1）特大火灾事故。

2）特大交通安全事故。

3）特大建筑质量安全事故。

4）民用爆炸物品和化学危险品特大安全事故。

5）煤矿和其他矿山特大安全事故。

6）锅炉、压力容器、压力管道和特种设备特大安全事故。

7）其他特大安全事故。

地方人民政府和政府有关部门对特大安全事故的防范、发生直接负责的主管人员和其他直接责任人员，比照该规定给予行政处分；构成玩忽职守罪或者其他罪的，依法追究刑事责任。特大安全事故肇事单位和个人的刑事处罚、行政处罚和民事责任，依照有关法律、法规和规章的规定执行。

《国务院关于特大安全事故行政责任追究规定》规范了特大安全事故的处理程序和对本地区容易发生特大安全事故的单位设施和场所安全事故的防范，明确责任、采取措施并组织有关部门对上述单位、设施和场所进行严格检查。特大安全事故应有应急处理预案。

为进一步防止和减少生产安全事故，保障人民群众生命和财产安全，促进经济发展，全国人民代表大会常务委员会颁布了《中华人民共和国安全生产法》，其中第五条明确了"生产经营单位的主要负责人对本单位的安全生产工作全面负责"，第九十一条规定："生产经营单位主要负责人在本单位发生重大生产安全事故时，不立即组织抢救或者在事故调查处理期间擅离职守或者逃匿的，给予降职、撤职的处分，对逃匿的处十五日以下拘留；构成犯罪的，依照刑法有关规定追究刑事责任。生产经营单位主要负责人对生产安全事故隐瞒不报、谎报或者拖延不报的，必须依照前款规定处罚"。

国务院颁发的《特种设备安全监察条例》第五条明确了"特种设备生产、使用单位的主要负责人应当对本单位特种设备的安全和节能全面负责"。随着《中华人民共和国安全生产法》和《特种设备安全监察条例》的实施，主要负责人作为安全生产第一责任人的地位进一步予以明确，这无疑对安全生产起到了积极的推动作用。

（2）落实安全管理机构、人员和各项管理制度及操作规程　落实安全管理机构、人员，是做好特种设备使用管理工作的前提条件。随着市场经济的不断发展，经济全球化和区域经济一体化进程的不断推进，以国有集体经济为主、多种经济形式共同发展的今天，特种设备的使用管理已趋向多元化发展。因此，对某种（类）特种设备而言，可能是集团拥有，可能是有限责任制公司拥有，也可能是个人拥有，等等。所以，安全管理机构和安全管理人员对不同的企业、组织或个人有其不同的内容。就一般企业管理而言，特种设备安全管理机构可以是专职机构，也可以是兼职机构，但必须遵循设备管理的一般原则，协调与生产安技、财务、劳资、教育培训等部门之间的相互关系，做到既有明确的分工，又要密切配合，共同推动和促进特种设备的使用实行制度化、科学化、规范化管理。同时，在特种设备安全管理机构内，应根据本企业特种设备使用数量及技术状况，明确指派相应数量的具有特种设备基础、技术知识、懂得管理业务、工作责任心强、有一定组织能力的工程技术人员，具体从事特种设备的安全使用管理工作。

客运索道、大型游乐设施等为公众提供服务的特种设备运营使用单位，应当设置特种设备安全管理机构或者配备专职的安全管理人员。

特种设备的安全管理人员应当对特种设备使用状况进行经常性检查，发现问题的应当立即处理；情况紧急时，可以决定停止使用特种设备并及时报告本单位有关负责人。

根据特种设备各自的使用特点，逐步探索和适应其运行规律，严格按客观规律办事，建立、完善特种设备使用管理规章制度，减少和避免人为影响因素，消除企业内部之间、上下级之间、管理与生产之间的不协调因素，有效地克服不讲责任、职责、工作效率与经济效果的不良现象。因此科学地建立健全特种设备的各项规章制度，并逐项落实执行，这是管理好特种设备的重要条件，是降低事故发生的主要措施。

由于特种设备各有其特点，使用范围广，使用单位错综复杂，从十几万人的特大型企业到个体私营企业，管理层次、管理形式不同，制订的规章制度也有所不同，但不论怎样，都应包括如下主要内容：

1）各级岗位责任制。这是使用单位最基本的管理制度之一。明确岗位责任制度有利于分清工作职责，确定各自的工作范围，便于实行技术责任、经济责任和安全责任考核。

2）基本工作管理制度。包括特种设备的选购、验收、安装、调试、使用登记、备件管理、作业人员培训和考核、技术档案管理和统计报告等制度。这些制度的贯彻实行，奠定了使用管理的基础工作。

3）使用过程中的管理制度。有安全检查、维护保养、检验、事故应急措施和救援预案、维修保养、改造、事故报告及接受国家安全监察等制度。

4）操作规程。主要包括工艺操作规程和安全操作规程，这是保证正确使用特种设备，做到安全运行和维持正常生产（使用）的先决条件。

特种设备使用单位应当建立特种设备安全技术档案。安全技术档案应当包括以下内容：

1）特种设备的设计文件、制造单位、产品质量合格证明、使用维护说明等文件以及安装技术文件和资料。

2）特种设备的定期检验和定期自行检查的记录。

3）特种设备的日常使用状况记录。

4）特种设备及其安全附件、安全保护装置、测量调控装置及有关附属仪器仪表的日常维修保养记录。

5）特种设备的运行故障和事故记录。

（3）落实定期检验　这是国家对特种设备实施的法定的强制性检验。通过定期检验，可以及时发现和消除危及安全的缺陷隐患，防止事故发生，达到延长使用寿命，保证特种设备安全经济运行的目的。因此，使用单位应做到：

1）按照安全技术规范的定期检验要求，在安全检验合格有效期满前1个月向特种设备检验单位提出定期检验要求，根据使用单位自身的特点，安排定期检验计划，确保检验工作如期实施。

2）主动与有关检验单位落实检验时间和检验有关的工作要求。检验单位接到定期检验要求后，应当按照安全技术规范的要求及时进行检验。

3）尽量做到按计划的检验时间停车检验。

4）检验后，应针对特种设备技术状况和检验单位出具的检验报告，及时采取技术处理或改造更新等措施，对其技术性能合乎使用要求的，及时办理有关注册、变更手续，未经定期检验或者检验不合格的特种设备，不得继续使用。

特种设备出现故障或者发生异常情况，使用单位应当对其进行全面检查，消除安全隐患后，方可重新投入使用。

2. "两有证"的要求

特种设备在投入使用前或者投入使用后30日内，特种设备使用单位应向直辖市或者设区的市的特种设备安全监督管理部门办理使用登记手续。登记标志应当置于或者附着于该特种设备的显著位置；特种设备作业人员及相关安全管理人员（以下统称特种设备作业人员），应当按照国家有关规定经特种设备安全监督管理部门考核合格，取得国家统一格式的特种作业人员证书，方可从事相应的作业或者管理工作。特种设备作业人员持证上岗，是加强特种设备使用管理，实现规范化管理的十分重要的手段。

（1）特种设备凭证（合格标志）的使用　特种设备使用管理分为行政管理、技术管理和经济管理三部分，实施特种设备注册登记、办理使用登记证（合格标志）是国家对特种设备使用采取行政管理和实施安全监察的行之有效的手段。通过行政规定，逐台（套）使用登记，可促进使用单位合法使用特种设备。在使用登记时，对安全技术状况较好，没有缺陷危及使用安全的特种设备发放使用登记证（合格标志），从行政和技术上明确了该台（套）设备在正常的工作条件和操作条件下，可以安全运行一个周期。当然，这并非表明特种设备在使用中绝对安全无恙。

为使特种设备安全运行，除了其本体要求外，还必须根据特种设备的各自特点，装设必要的安全附件、安全保护装置、测量调控装置及有关附属仪表，并进行定期校验、检修，保证其灵敏可靠，正常运行，达到安全保护的目的。

（2）特种设备作业人员持证上岗　俗话说，人的因素决定一切，任何机械、设备都离不开人的监视、控制和操作。因操作不当或违章操作引起的机毁人亡事故屡见不鲜、不胜枚举。故对作业人员应进行严格的培训和考核，使其掌握基本理论知识、特种设备安全作业知识和达到"四懂四会"（懂特种设备的结构、性能、用途、工作原理，会使用、会保养、会检查、会排除故障）要求。作业人员应严格遵守操作规程和安全规程，认真填写运行记录或工艺生产记录，严格执行各项规章制度，严禁违章操作，拒绝执行违章指挥，积极主动参与特种设备的使用管理工作，确保特种设备的正常使用与安全运行。

特种设备作业人员在作业过程中发现事故隐患或者其他不安全因素，应当立即向现场安全管理人员和单位有关负责人报告。

3. 正确使用

特种设备的存在价值在于使用，而任何特种设备都有一定的使用范围和特定的工作条件，其使用寿命的长短、生产运行效率的高低，又直接影响到使用价值。当然，特种设备一般都给定了初始的使用寿命范围，但使用正确与否将直接影响到特种设备的实际寿命，影响到正常生产（运行）秩序和经济效益。其正确使用的主要措施是：一是正确确定使用条件，加强使用过程中技术要素的控制，严禁超压、超温、超负荷运转；二是合理制订操作规程，严格执行操作规程；三是合理选用安全防护装置，确保其灵敏可靠；四是作业人员持证上岗，严禁违章作业。

特种设备使用单位在机场、车站、码头、商场、学校、幼儿园、体育场馆、娱乐场所、旅游风景区等公众聚集场所进行作业，可能危及公众安全的，应当配备专职人员进行现场安全管理，设置安全隔离区和明显的安全标志，并应当采取必要的防范措施，防止事故发生。

由于电梯、客运索道、大型游乐设施运行伴随高度的危险性和发生事故的严重性，电梯、客运索道、大型游乐设施的运营使用单位要求做到：

1）电梯、客运索道、大型游乐设施每日投入使用前，应当进行试运行和例行安全检查，并对安全装置进行检查确认。

2）应当将电梯、客运索道、大型游乐设施的安全注意事项和警示标志置于易于乘客注意的显著位置。

3）客运索道、大型游乐设施的运营使用单位的主要负责人应当熟悉客运索道、大型游乐设施的相关安全知识，并全面负责客运索道、大型游乐设施的安全使用，至少每月召开一次会议，督促、检查客运索道、大型游乐设施的安全使用工作。

4）客运索道、大型游乐设施的运营使用单位，应当结合本单位的实际情况，配备相应数量的营救装备和急救物品。

5）电梯、客运索道、大型游乐设施的乘客应当遵守使用安全注意事项的要求，服从有关工作人员的指挥，有关工作人员应当向游客讲解安全注意事项。

4. 精心维修保养

特种设备使用后能否经常保持完好状态，提高使用效率，延长使用寿命，达到安全经济运行，除了正确使用外，还必须精心做好日常维修保养工作。

特种设备维修保养，是其使用过程中自身的客观要求。鉴于特种设备运行过程中都有其不同特点，其操作条件变化，运动部件转动造成振动及运动磨损，必然导致其技术状况不断发生变化，不可避免会产生一些不正常现象，甚至是产生严重缺陷或隐患。若发现不及时，处理不妥当，势必造成运转不正常，甚至发生事故。所以做好特种设备的维修保养工作，及时处理各种问题，改善其使用状况，就能防患于未然，减少不必要的损失，把事故消灭在萌芽状态。

特种设备使用单位对在用特种设备应当至少每月进行一次自行检查，并作出记录。特种设备使用单位在对在用特种设备进行自行检查和维护保养时发现异常情况的，应当及时处理。

特种设备使用单位应当对在用特种设备的安全附件、安全保护装置、测量调控装置和附属仪器仪表进行定期校验、检修，并作出记录。

特种设备的维修保养目前主要有两种形式：一种是使用单位维护保养，另一种是具有相应资格的专业单位进行的维修保养（如电梯维修保养）。维修保养单位应当有与特种设备维修保养相适应的专业技术人员和技术工人以及必要的检测手段，并经省、自治区、直辖市特种设备安全监督管理部门许可，方可从事相应的维修保养活动。根据特种设备的特点，确定维修保养重点，做到高标准严要求，以促进每台设备都处于完好状态，延长其运行周期和使用寿命。

第二节　锅炉的使用管理

锅炉可分为蒸汽锅炉、热水锅炉、有机热载体炉和无机热载体炉等。由于锅炉使用范围和用途不同，其使用管理安全监察也有不同的特点。

一、锅炉的使用登记制度

1. 使用登记的基本要求

根据国务院《特种设备安全监察条例》及国家质量监督检验检疫总局颁布的《锅炉压力容器使用登记管理办法》，锅炉的使用单位必须逐台向省级和设区的市的安全监督管理部门申报和办理使用登记手续，领取《特种设备使用登记证》。国家大型发电公司所属电站锅炉到省级安全监督管理部门申报和办理使用登记手续，其他锅炉的使用登记由设区的市的安全监督管理部门办理。电热蒸汽发生器的使用管理按所依据的设计、制造规范进行划分，并分别按锅炉或压力容器进行使用登记和管理。

锅炉经使用登记后，应将使用登记证悬挂在锅炉房内，在明显部位喷涂使用登记证号码，未在规定期限内领取使用登记证的锅炉不准使用。锅炉安全状况变更、过户均应按规定办理使用登记手续。锅炉报废时，使用单位将《特种设备使用证》交回发证机构，办理注销手续。发证的安全监督管理部门应督促使用单位对报废的锅炉进行解体或其他处理，严禁再作承压锅炉使用。

2. 锅炉登记的程序

根据《锅炉压力容器使用登记管理办法》，编制的新锅炉使用登记程序如图9-1所示。

二、司炉工持证制度

锅炉运行时，必须配备一定的司炉工（作业人员）。从事锅炉操作的司炉工必须经过培训、考试，取得安全监督管理部门签发的操作证。电力系统电站锅炉司炉和运行人员的培训和考试工作，由经省级安全监督管理部门审核同意的省级以上（含省级）电力公司司炉培训、考核委员会组织进行。对取得操作证的司炉工，才准独立操作锅炉，且只能操作不高于考试合格类别的锅炉。小型和常压热水锅炉司炉工的安全管理由各省安全监督管理部门根据本地区实际情况自行制定。司炉工人数应能保证正常运行操作和事故应急处理的需要。司炉工应认真执行有关锅炉安全运行的各项制度，作好运行记录，遇有危及锅炉安全运行的紧急情况，立即停止锅炉运行，并按规定的报告程序及时向有关部门报告。

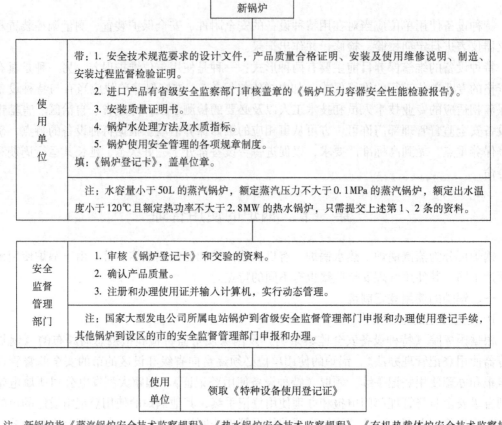

注：新锅炉指《蒸汽锅炉安全技术监察规程》、《热水锅炉安全技术监察规程》、《有机热载体炉安全技术监察规程》范围内的锅炉。

图 9-1　新锅炉使用登记程序

三、锅炉定期检验制度

1. 锅炉定期检验的含义

锅炉定期检验一般是指锅炉从办理使用登记开始到报废为止，即在整个使用期间按锅炉的法规规定依法进行的各种周期性检验，作出能否安全使用到下一个检验周期的鉴定结论。通过锅炉定期检验，及时发现锅炉潜在的缺陷及管理中的问题，以便采取措施，预防事故的发生。

锅炉的定期检验工作，应由经省级安全监督管理部门资格许可并授权的检验单位及检验人员进行，并对检验结果、鉴定结论负责。

2. 锅炉定期检验的种类及结论

锅炉定期检验包括外部检验、内部检验和水压试验三类。

（1）锅炉的外部检验　外部检验是指在锅炉运行状态下，对锅炉安全状况进行的检验。外部检验一般每年进行一次。

锅炉外部检验结论分为三种。

1）允许运行。

2）监督运行，检验人员应注明须解决的缺陷问题和期限。

3）停止运行，检验人员应注明原因，并提出进行内部检验要求。

（2）锅炉内部检验　内部检验是指在锅炉停炉状态下，对锅炉安全状况进行的检验。内部检验一般每两年进行一次。

当内部检验和外部检验同在一年进行时，应首先进行内部检验，然后再进行外部检验。

电力系统的发电用锅炉内部检验和水压试验周期可按照电厂大修周期适当调整。除定期检验外，锅炉有下列情况之一时，也应进行内部检验。

1）移装锅炉投运前。

2）锅炉停用1年以上需要恢复运行前。

3）受压元件经重大维修或改造后及重新运行1年后。

4）根据上次内部检验结果和锅炉运行情况，对设备安全可靠性有怀疑时。

锅炉检验方法以宏观检验为主，并辅助一些测量手段，对有怀疑的部位及运行一段时间的电站锅炉的主要受压部件，还应增加一些无损检测。

锅炉内部检验结论分为四种。

1）允许运行。

2）整改后运行，应注明须修理缺陷的性质、部位。

3）限制条件运行，检验人员提出缩短检验周期的应注明原因，对于需降压运行的应附加强度校核计算书。

4）停止运行，应注明原因。

（3）水压试验　水压试验是指以水为介质，以规定的试验压力，对锅炉受压部件强度和严密性进行的试验。

水压试验一般每6年进行一次；对于无法进行内部检验的锅炉，应每3年进行一次；电站锅炉的水压试验周期可以按照电厂的大修适当调整。

只有内部检验、外部检验和水压试验均在合格有效期内，锅炉才能投入运行。当外部检验、内部检验和水压试验在同期进行时，应依次进行内部检验、水压试验和外部检验。

小型汽水两用锅炉和小型铝制承压锅炉，应当每两年进行一次水压试验，水压试验前应当进行必要的内外部检验。小型蒸汽锅炉，应当每两年进行一次外部检验和水压试验，其使用期限不超过8年，超过8年的予以报废。

水压试验的检验结论分为合格、不合格两种。水压试验不合格的锅炉不得投入运行。

四、锅炉房基本要求

1. 锅炉一般应装在单独建造的锅炉房内

1）锅炉房一般不应直接设在聚集人多的房间（如公共浴室、教室、餐厅、影剧院的观众厅、候车室等）或在其上面、下面、贴邻或主要疏散口的两旁。新建的锅炉房不应与住宅相连。

2）锅炉房如设在多层或高层建筑的半地下室或第一层中，必须满足《蒸汽锅炉安全技术监察规程》和《热水锅炉安全技术监察规程》的有关规定。

3）锅炉房不宜设在高层或多层建筑的地下室、楼层中间或顶层，但由于条件限制需要设置时，必须符合《蒸汽锅炉安全技术监察规程》和《热水锅炉安全技术监察规程》的有关规定。锅炉房设置在地下室时，应采取强制通风措施。

4）锅炉房不得与甲、乙类及使用可燃液体的丙类火灾危险性房间相连，但若与其他生产厂房相连时，应用防火墙隔开。余热锅炉不受此限制。

5）锅炉房建筑耐火等级和防火要求应符合《建筑设计防火规范》及《高层民用建筑设计防火规范》的要求。

锅炉间的外墙或顶至少有相当于锅炉间占地面积10%的泄压面积（如玻璃窗、天窗、薄弱墙等）。泄压处不得与聚集人多的房间和通道相邻。

2. 锅炉房要求

1）锅炉房内的设备布置应便于操作、通行和检修。

2）应有足够的光线和良好的通风以及必要的降温和防冻措施。

3）地面应平整无台阶，且应防止积水。

4）锅炉房承重梁柱等构件与锅炉应有一定距离或采取其他措施，以防止受高温损坏。

3. 锅炉房实施审批制度

锅炉安装前，须将锅炉平面布置图及标明与建筑有关的锅炉房的图样交当地安全监督管理部门审查同意，否则不准施工。

4. 锅炉房的年度检查

当地安全监督管理部门应安排对锅炉使用单位的锅炉房的管理情况进行年度检查，并结合现场进行抽查。根据检查和抽查的情况，进行年度评定。

五、锅炉水质监督

锅炉水质监督工作是保证锅炉安全、经济运行的主要技术措施，是锅炉管理中最基础的技术管理工作之一，对防止和减少由于水处理不当而导致的锅炉事故起到了重要作用。

1. 安全监察职能

锅炉水处理是保证锅炉安全经济运行的重要措施，不应以化学清洗代替正常的水处理工作，安全监督管理部门应有专人负责锅炉水处理监察工作。

2. 锅炉水处理生产

生产锅炉水处理设备、药剂和树脂的单位，自愿向中国锅炉水处理协会提出注册申请，获得中国锅炉水处理协会批准注册的单位和产品，由其统一向国家质量监督检验检疫总局锅炉局备案并予以公告。

锅炉水处理设备、药剂和树脂在注册登记时，由省级以上（含省级）安全监督管理部门认可的机构进行性能测试。钢制水处理设备应符合 JB/T 2932—1999《水处理设备 技术条件》的规定；非钢制水处理设备及水处理药剂、树脂均应符合有关标准和规定。

3. 锅炉水质监测

锅炉水质监测单位必须取得省级以上（含省级）安全监督管理部门资格认可及授权，才能从事锅炉水质监测工作。锅炉水质监测分类见表9-1。

表9-1 锅炉水质监测分类

级 别	水质监测的范围
SA 级	参数不限
SB 级	额定工作压力≤2.5MPa 的蒸汽锅炉和热水锅炉

第三节　压力容器使用管理

压力容器可分为固定式压力容器和移动式压力容器。固定式压力容器又可分为一类、二类、三类压力容器，超高压容器和医用氧舱；移动式压力容器可分为汽车罐车、铁路罐车、罐式集装箱和各类气瓶，气瓶包括无缝气瓶、焊接气瓶（含液化石油气钢瓶、溶解乙炔气瓶）、特种气瓶（含车用、缠绕、非重复充装、真空绝热低温气瓶等）。由于压力容器品种繁多，其使用管理的安全监察要求也不尽相同，同时还对气体的充装单位实行资格许可制度。

一、压力容器的使用登记制度

1. 使用登记的基本要求

根据国务院《特种设备安全监察条例》及国家质量监督检验检疫总局颁发的《锅炉压力容器使用登记管理办法》，固定式压力容器（包含医用氧舱）的使用单位，必须逐台向设区的市的安全监督管理部门申报和办理使用登记手续；移动式压力容器（汽车罐车、铁路罐车、罐式集装箱）到省级安全监督管理部门申报和办理使用登记手续。

压力容器经使用登记后，使用登记证应固定在压力容器本体上（无法固定的除外），在明显部位喷涂使用登记证号码，未办理注册或未在规定期限内领取使用登记证的压力容器不准使用。压力容器变更过户均应按规定办理使用登记手续。压力容器报废时，使用单位将《特种设备使用登记证》交回发证机构，办理注销手续。发证的安全监督管理部门应督促使用单位对报废的压力容器进行解体或其他处理，严禁再作承压容器使用。

2. 使用登记程序

新压力容器使用登记程序如图9-2所示。

二、气瓶充装安全监察

根据国家质量监督检验检疫总局统计，2009年我国共发生气瓶爆炸事故26起，爆炸事故率约为0.19起/（百万只·年）。气瓶爆炸事故率是发达国家（如美国、法国）气瓶爆炸事故率的5~10倍。气瓶爆炸事故居高不下的主要原因是：气瓶充装环节发生超装、错装、混装、过期瓶充装。对气瓶充装单位实施资格许可、气瓶实行定点充装和实行现场年度监督监察制度，是加强气瓶使用管理，保证气瓶安全使用的有效措施。

1. 气瓶充装单位实施资格许可制度

气瓶充装单位应当经省、自治区、直辖市的特种设备安全监督管理部门许可，取得《气瓶充装许可证》，方可从事充装活动。《气瓶充装许可证》有效期为4年。

气瓶充装单位应具备下列条件：

1）具有营业执照。

2）有相关管理部门的批复。

3）具有适应气瓶充装和安全管理需要的技术人员和特种设备作业人员。

4）具有与充装的气体种类相适应的完好的充装设施、工器具、检测手段、场地厂房，有符合要求的安全设施。

5）具有一定的气体储存能力和足够数量的自有产权气瓶。

6）符合相应气瓶充装站安全技术规范及国家标准的要求；建立健全的气瓶充装质量保

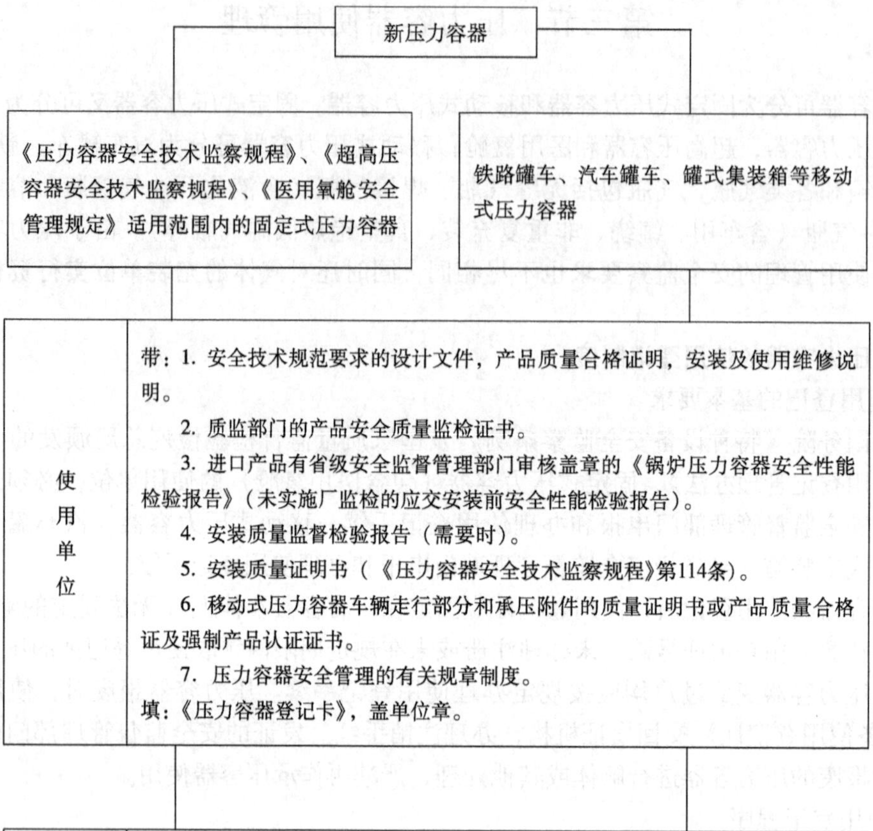

```
                        ┌─────────────────────────┐
                        │       新压力容器         │
                        └─────────────────────────┘
```

《压力容器安全技术监察规程》、《超高压容器安全技术监察规程》、《医用氧舱安全管理规定》适用范围内的固定式压力容器	铁路罐车、汽车罐车、罐式集装箱等移动式压力容器

使用单位	带：1. 安全技术规范要求的设计文件，产品质量合格证明，安装及使用维修说明。 2. 质监部门的产品安全质量监检证书。 3. 进口产品有省级安全监督管理部门审核盖章的《锅炉压力容器安全性能检验报告》（未实施厂监检的应交安装前安全性能检验报告）。 4. 安装质量监督检验报告（需要时）。 5. 安装质量证明书（《压力容器安全技术监察规程》第114条）。 6. 移动式压力容器车辆走行部分和承压附件的质量证明书或产品质量合格证及强制产品认证证书。 7. 压力容器安全管理的有关规章制度。 填：《压力容器登记卡》，盖单位章。

设区的市的安全监督管理部门或其他授权的单位	1. 审核《压力容器登记卡》（一式两份）和交验的资料。 2. 确认产品质量。 3. 核定安全状况等级（1~3级）。 4. 注册和办理使用证并输入计算机，实行动态管理。	省级安全监督管理部门或其他授权的单位	1. 审核《压力容器登记卡》和交验的资料。 2. 确认产品质量。 3. 核定安全状况等级（1~3级）。 4. 注册和办理使用证并输入计算机，实行动态管理。 注：移动式压力容器还要核发记录、提出信息和使用登记信息的"IC"卡。

使用单位	1. 领取《特种设备使用登记证》或《移动式压力容器使用登记证》。 2. 领取"IC"卡。

图 9-2 新压力容器使用登记程序

注：安全状况等级为 4 级的固定式压力容器只能"临时监控使用"，安全状况等级为 4、5 级的移动式压力容器或安全状况等级为 5 级的固定式压力容器办理注销手续，予以解体报废。

证体系和安全管理制度、责任制度、紧急处理措施；相应的标准、规范等文件资料。永久气体气瓶充装站应符合 GB 17264—1998《永久气体气瓶充装站安全技术条件》的规定；液化气体气瓶充装站应符合 GB 17265—1998《液化气体气瓶充装站安全技术条件》的规定；溶解乙炔气瓶充装站应符合 GB 17266—1998《溶解乙炔气瓶充装站安全技术条件》的规定；液化石油气瓶充装站应符合 GB 17267—1998《液化石油气瓶充装站安全技术条件》的规定。

气瓶充装单位应对气瓶使用者安全使用气瓶进行指导，提供服务。

2. 气瓶充装许可证实行年度监督监察制度

市级安全监督管理部门，应加强对气瓶充装单位的现场监察工作，每年对气瓶充装单位进行一次年度监督检查，并将年度监督检查的结果上报省级安全监督管理部门。对未经年度监督检查或年度监督检查不合格的充装单位，应责令其暂停充装进行整顿。对整顿仍不合格的充装单位，应报请省级安全监督管理部门吊销其《气瓶充装许可证》。对每年年度监督检查均合格的充装单位，许可证期满可直接办理换证手续。

3. 气瓶实行定点充装单位充装制度

气瓶充装单位只能充装自有产权气瓶（车用气瓶、呼吸用气瓶、灭火用气瓶、非重复充装气瓶和省级安全监督管理部门同意的气瓶除外），不得充装技术档案不在本充装单位的气瓶。气瓶充装前，充装单位应有专人逐只对气瓶进行检查，防止错装和超装。对不符合有关安全要求的气瓶，必须进行处理。对未列入国家标准或规程的气体，应制订企业充装标准，按标准的充装系数或充装压力进行充装。不得充装无制造许可证单位制造的气瓶和未经安全监督管理部门批准认可的进口气瓶，不得充装超期未检气瓶和改装气瓶，不得由槽车直接向气瓶充装。充装后，充装单位应逐只检查气瓶，发现存在超装、错装、泄漏或其他异常现象的，要立即进行妥善处理。

4. 气瓶充装单位和瓶装气体销售单位管理

1）气瓶、瓶装气体经销单位必须取工商管理部门颁发的营业执照，并经地、市级安全监督管理部门安全注册。气瓶充装单位不准将瓶装气体销售给未经安全注册的气瓶、瓶装气体经销单位。任何单位和个人不准改装气瓶。

2）气瓶充装单位必须在每只充装气瓶上粘贴符合国家标准 GB 16804—1997《气瓶警示标签》的警示标签和充装标签。

3）气瓶充装单位应按照省级安全监督管理部门的要求，每年报告拥有建档气瓶的种类、数量和充装单位标识以及每年的变化情况。

4）气瓶充装单位还应具有一定的储备能力和足够数量的自有气瓶，且符合相应气瓶充装单位安全注册许可规定的要求。

5）气瓶充装单位要保持充装人员的相对稳定。

6）气瓶充装单位及其气体销售单位，有责任配合气瓶事故的调查，气瓶充装单位应承担由于充装不当造成的事故的相应责任。

7）气瓶充装单位必须采用计算机对所充装的气瓶进行建档登记，并负责涂敷充装单位标志和打充装单位钢印、气瓶编号钢印。充装单位标志和充装单位钢印应向省级安全监督管理部门备案。鼓励使用彩条码等先进信息化手段对气瓶进行使用安全管理。

三、压力容器作业人员的考核制度

1. 固定式压力容器

压力容器和医用氧舱的作业人员应持证上岗，作业人员数量应能保证正常运行操作和事故应急处理需要。

压力容器发生下列异常现象之一时，作业人员应立即采取紧急措施，并按规定的报告程序，及时向有关部门报告。

1）压力容器工作压力、介质温度或壁温超过规定值，采取措施仍不能得到有效控制。

2）压力容器的主要受压元件发生裂缝、鼓包、变形、泄漏等危及安全的现象。

3）安全附件失效。

4）接管、紧固件损坏，难以保证安全运行。

5）发生火灾等直接威胁到压力容器的安全运行。

6）过量充装。

7）压力容器液位超过规定，采取措施仍不能得到有效控制。

8）压力容器与管道发生严重振动，危及安全运行。

9）其他异常情况。

遇到危及压力容器安全运行的紧急情况应立即停止运行。

2. 移动式压力容器（含汽车罐车、铁路罐车、罐式集装箱）

根据国务院颁发的《危险化学品安全管理条例》，危险化学品包括爆炸品、压缩气体和液化气体、易燃固体、自燃物品和遇湿易燃物品、氧化剂和有机过氧化物、有毒品和腐蚀品等。因此，汽车罐车驾驶人员、装卸管理人员、押运人员进行有关安全知识培训，掌握危险化学品运输的安全知识，并经所在地的市级人民政府交通部门考核合格，取得上岗资格证，方可上岗作业。铁路罐车押运人员由省级铁路部门和安全监督管理部门共同进行培训考核。

四、压力容器定期检验制度

1. 压力容器定期检验的含义

压力容器定期检验一般是指压力容器从办理使用登记开始到报废为止，即在整个使用期间按压力容器的法规规定依法进行的各种周期性检验，作出能否安全使用到下一个检验周期的鉴定结论。

在用压力容器定期检验与压力容器制造质量的检验不同。在用压力容器的检验不是也不可能把压力容器质量"恢复"到现行的设计、制造标准或者原来的质量水平，其目的只是通过检验来判断该压力容器能否安全可靠地使用到下一个检验周期，如果发现存在某些潜在危险的缺陷和问题，则设法消除或进行妥善处理，改善压力容器的安全状况。因此，在用压力容器检验的实质就是掌握每台压力容器存在的缺陷情况，了解压力容器的安全技术状况，保证压力容器安全运行。为了避免因不必要的设备报废而造成经济损失，对在用压力容器应掌握最低安全使用为原则——"合乎使用"的标准。由于压力容器是一种特殊承压设备，且盛装易燃、有毒并有爆炸危险的介质，因此在用压力容器的定期检验工作应由经省级安全监督管理部门资格认可并授权的检验单位及检验人员进行。检验单位和检验人员必须按资格证许可范围开展定期检验工作，并应对检验结果和鉴定结论负责。

2. 压力容器定期检验的种类及结论

（1）固定式压力容器的定期检验　根据《压力容器定期检验规则》等规定，固定式压力容器的定期检验分为年度检验、全面检验和耐压试验三类。

1）年度检验是指压力容器运行中的定期在线检查，每年至少一次。年度检验可由检验单位有资格的压力容器检验人员进行，也可由经安全监督管理部门认可的使用单位压力容器专业人员进行。

2）全面检验是指压力容器停机时的检验。全面检验应由检验单位有资格的压力容器检验人员进行，其检验周期分为：安全状况等级为1、2级的，每6年至少一次；安全状况等级为3级的，每3年至少一次。石墨制非金属压力容器每5年至少检验一次；玻璃纤维增强热固性树脂压力容器每3年至少检验一次。

3）耐压试验是指压力容器全面检验后所进行的超过最高工作压力的液压试验或气压试验。对固定式压力容器，每两次全面检验期间内，至少进行一次耐压试验。

当年度检验、全面检验和耐压试验同期进行时，应依次进行全面检验、耐压试验和年度检验，其中重复检验的项目只做一次。

压力容器定期检验结论根据《压力容器定期检验规则》等规定分为5个安全状况等级，其中安全状况为4级的压力容器，其积累监控使用的时间不得超过一个检验周期，在监控使用期间，可对缺陷进行处理，提高安全状况等级，否则不得继续使用；安全状况等级为5级，即报废。

（2）移动式压力容器（气瓶除外）的定期检验　根据《压力容器定期检验规则》等规定，汽车罐车、铁路罐车和罐车集装箱的定期检验分为年度检验、全面检验和耐压试验三类。

1）年度检验：每年至少一次，由有资格并授权的检验单位检验。

2）全面检验：由有资格并授权的检验单位检验。罐车的全面检验周期按表9-2规定执行。

表9-2　罐车检验周期表

安全等级 ＼ 罐车名称	汽车罐车	铁路罐车	管式集装箱
1、2级	5年	4年	5年
3级	3年	2年	2.5年

有下列情况之一的罐车，也应做全面检验：①新罐车使用一年后的首次检验；②罐车发生重大事故或停用1年后重新投用的；③罐体经重大修理或改造的。

低温型罐车的定期检验的内容和要求，还应符合制造单位提供的使用维护说明书的要求。

移动式压力容器的定期检验结论分为5个安全状况等级，安全状况等级评为4级和5级者不得使用。

3）耐压试验：每两次全面检验周期内，至少进行一次耐压试验。

（3）气瓶的定期检验　气瓶的定期检验，应由有相应检验资格并授权的检验单位承担，气瓶检验单位许可证书有效期为4年。

各类气瓶的检验周期不超过以下规定。

1）钢质无缝气瓶。按GB 13004—1999《钢质无缝气瓶定期检验与评定》标准：盛装腐蚀性气体的气瓶、潜水气瓶以及常与海水接触的气瓶，每两年检验一次；盛装一般气体的气瓶，每 3 年检验一次；盛装惰性气体的气瓶，每 5 年检验一次。对使用年限超过 30 年的气瓶，登记后不予检验，按报废处理。

2）钢质焊接气瓶。按 GB 13075—1999《钢质焊接气瓶定期检验与评定》标准：盛装一般气体的气瓶，每 3 年检验一次；盛装腐蚀性气体的气瓶，每两年检验一次。对使用年限超过 12 年的盛装腐蚀性气体的气瓶，以及使用年限超过 20 年的盛装其他气体的气瓶，登记后不予检验，按报废处理。

3）液化石油气瓶。按 GB 8334—1999《液化石油气钢瓶定期检验与评定》标准：YSP—0.5、YSP—2.0、YSP—5.0、YSP—10 和 YSP—15 型钢瓶，自制造日期起，第一次至第三次检验的检验周期均为 4 年，第四次检验有效期为 3 年；对 YSP—50 型钢瓶，每 3 年检验一次；对使用年限超过 15 年的任何类型的气瓶，登记后不予检验，均按报废处理。

4）铝合金无缝气瓶。按 GB 13077—2004《铝合金无缝气瓶定期检验与评定》标准：盛装惰性气体的铝瓶，每 5 年检验一次；盛装腐蚀性气体的铝瓶或在腐蚀性介质（如海水等）环境中使用的铝瓶，每两年检验一次；盛装其他气体的铝瓶，每 3 年检验一次。

5）溶解乙炔气瓶。按 GB 13076—2009《溶解乙炔气瓶定期检验与评定》标准：每 3 年检验一次。

乙炔气瓶在使用过程中若发现下列情况之一，应随时进行检验：①瓶体外观有严重操作损伤；②充气时瓶壁温度超过 40℃；③对填料和溶剂的质量有怀疑时；④瓶阀侧接嘴有乙炔回火迹象。

6）低温绝热气瓶。每 3 年检验一次。

7）车用液化石油气钢瓶。每 5 年检验一次，车用压缩天然气钢瓶每 3 年检验一次。气瓶在使用过程中，发现有严重腐蚀、损伤或对其安全可靠性有怀疑时，应提前进行检验。库存和停用时间超过一个检验周期的气瓶，启用前应进行检验。

发生交通事故后，应对车用气瓶、瓶阀及其他附件进行检验，检验合格后方可重新使用。汽车报废时，车用气瓶同时报废。

气瓶检验结论分为两种，即合格和报废。

固定式压力容器都是在设备现场进行检验工作的，一般包括审查原始资料、制订检验方案、对被检设备进行清洗置换和清理打磨、做好安全防护等准备工作。其中必须值得重视的是，对存在有易燃、助燃、有毒或窒息介质的压力容器，必须取样分析，确保符合规定的安全指标，并检查是否已经与介质源隔断。罐车和气瓶等移动式压力容器的检验，检验单位必须建立包括清洗置换、取样分析等一整套的场地和设施。

（4）特殊检验周期的规定　对一些特殊情况，内外部检验周期可以根据有关标准、规程要求，适当缩短或延长并办理相关手续，但最长延期不超过 12 个月（气瓶不得延长检验周期）。

第四节　压力管道使用管理

压力管道是指生产、生活中广泛使用的可能引起燃爆或中毒等危险性较大的特种设备，它包括工业管道、公用管道、长输管道三大类。在国际上，压力管道的运输是与铁路、公路、水运、航空并列的五大运输方式之一。世界上主要的经济发达国家（如美国、日本、德国）都把压力管道与锅炉压力容器并为特种设备，实行国家安全监察。

由于压力管道使用管理还没有形成一套行之有效的管理体系，三大类管道使用管理又各有其特点，而公用管道和长输管道又涉及由于埋地、架空、穿越河流山川等特点，给使用管理造成很大困难。目前压力管道事故还没有得到有效控制，因此确保压力管道安全使用的意义十分重大。

一、使用登记制度

1. 使用登记的基本要求

根据《压力管道使用登记管理规则》，国家特种设备安全监督管理部门负责颁发跨省、自治区、直辖市的长输管道的使用登记证；省级特种设备安全监督管理部门负责颁发所辖范围内不跨省、自治区、直辖市的长输管道的使用登记证；省级特种设备安全监督管理部门或其授权的市级特种设备安全监督管理部门负责颁发所辖范围内公用管道和工业管道的使用登记证。颁发使用登记证的特种设备安全监督管理部门内设的负责压力管道安全监督管理部门，具体负责受理压力管道使用登记的受理、注册和发证工作。

2. 建立使用注册登记汇总表的原则

压力管道使用登记证以使用单位为发放对象。使用单位所有的压力管道其管辖部门是不同的，分别颁发使用登记证。使用登记证对应相应的压力管道使用注册登记汇总表，每个使用单位可根据所有压力管道情况有 1 个或若干个压力管道使用注册登记汇总表。建立使用注册登记汇总表的原则如下：

1）按长输管道、公用管道和工业管道分别至少填报 1 个或若干个使用注册登记汇总表。

2）长输管道管辖部门不同时，分别建立使用注册登记汇总表。

3）公用管道可分区域填报使用注册登记汇总表。

4）工业管道可按装置、工艺管道、公用工程管道等形式填报使用注册登记汇总表。

5）压力管道条数较少的单位，可只建立 1 个使用注册登记汇总表。

使用注册登记汇总表含有多个压力管道登记单元，按下述原则确定每个压力管道登记单元。

1）按设计管线表编号从始端至终端的每条管道为压力管道登记单元。

2）按物流输送的形式。以物流从流出设备至流入设备之间的每条管道为压力管道登记单元。

3）按装置、系统的形式。以装置、系统内、系统外进行划分，以装置、系统内每条管道为压力管道登记单元。

工业管道可选择上述任何一款方式确定登记单元，GC1 级管道和安全状况等级为 3 级和经安全评定可以监控使用的管道，填写重要压力管道使用登记表，进行重点监督管理。

二、作业人员培训考核制度

压力管道作业人员和压力管道的检查人员应进行安全技术培训考核，做到持证上岗，其考核工作由当地安全监督管理部门负责。压力管道作业人员应熟悉操作工艺流程，严格遵守安全操作规程和岗位责任制。作业人员定时按线路巡线检查，必要时用测漏仪进行检查，做好记录。在运行中发现操作条件异常时应及时进行调整，遇有紧急情况时，应立即采取紧急措施并及时报告有关部门和人员。对输送可燃、易燃或有毒介质的压力管道，使用单位应建立巡线检查制度，制订应急措施和救援方案，根据需要建立抢险队伍，并定期演练。

根据定期检验计划安排检验，及时做好附属仪器仪表、安全保护装置、测量调控装置的定期校验和检修工作。

三、定期检验制度

1. 压力管道定期检验的分类

压力管道定期检验一般是指压力管道从办理登记开始到报废为止，在整个使用期间，按压力管道的法规规定依法进行的各种周期性检验，并作出能否安全使用到下一个检验周期的鉴定结论。定期检验是及时发现和消除隐患，保证压力管道安全运行的主要措施。在用压力管道应由有资格的检验单位进行定期检验，工业管道、公用管道和长输管道的检验单位分别管理，按照各自具备的条件，取得相应的检验资格。检验单位和检验人员必须按资格证许可范围开展定期检验工作，并应对检验结果、鉴定结论负责。

2. 压力管道定期检验的种类及结论

（1）工业管道检验　根据《在用工业管道定期检验规程》，工业管道定期检验分为在线检验和全面检验两类。

1）在线检验是使用单位在运行条件下进行的检验。使用单位根据具体情况制订检验计划和方案，每年至少检验一次。在线检验工作由使用单位进行，也可委托具有管道检验资格的单位进行。

2）全面检验是按一定的检验周期对在用工业管道停车期间进行的较为全面的检验。该项检验必须由具有管道检验资格的单位进行。

管道检验周期可根据下列情况适当缩短：①新管道投用后的首次检验；②发现应力腐蚀或严重局部腐蚀的管道；③承受交变载荷，可能导致疲劳失效的管道；④材料产生劣化的管道；⑤在线检验中发现存在严重问题的管道；⑥检验人员和使用单位认为应该缩短检验周期的管道。

经使用经验和检验证明可以长期安全运行的管道，使用单位向省级安全监督管理部门或其授权的市级安全监督管理部门提出申请，经受理的安全监督管理部门委托的检验单位确认，检验周期可适当延长，但最长不得超过9年。

工业管道定期检验的结论分为4个安全状况等级，安全状况等级为1级和2级的在用工业管道检验周期一般不超过6年；安全状况等级为3级的，检验周期一般不超过3年；安全状况等级为4级的，应报废。

中国石油化工总公司于1992年修订了《工业管道维护检修规程》，将石化企业压力管道的定期检验分为外部检查和全面检验。

1）外部检查：每年一次，在停车时进行。

2）全面检验：Ⅰ、Ⅱ、Ⅲ类管道3～6年一次。

各企业根据压力管道的实际技术状况和监测情况，可适当调整全面检验周期，但最长不得超过9年。使用期限超过15年的Ⅰ、Ⅱ、Ⅲ类管道，经全面检验，技术状况良好，经单位技术总负责人批准，仍可按原定期限检验。停用两年以上需复用的压力管道，外部检查合格后方可使用。

（2）公用管道检验　公用管道主要包括城镇燃气管道和热力管道，其特点是基本上埋设在地下，有时甚至在道路下或穿过道路，其检验特点是轻易不能开挖，且管道有不易去除的防腐层。在工业管道检验中采用的常规检验方法只有在开挖出管道并去除防腐层后才能进行，并对其作出安全评价。公用管道不开挖检验包括泄漏和防腐层检测、管道内检测。

公用管道应当参照工业管道的管理，建立巡线检查制度并进行定期检验，检验周期一般不应超过 6 年。

（3）长输管道检验　原中国石油天然气总公司于 1996 年颁发了《石油天然气管道安全规程》，将长输管道的定期检验分为外部检查和全面检验两类。

1）外部检查：除日常巡检外，每年至少一次，由使用单位专职人员进行。

2）全面检验：每 5 年一次，由国家特种设备安全监督管理部门认可的有资格的检验单位承担。

属下列情况之一者，其全面检验周期可缩短：①多次发生事故；②防腐层损坏较严重；③修理、修复和改造后；④受自然灾害破坏；⑤投用超过 15 年。

第五节　电梯、起重机械、客运索道、游乐设施、厂内机动车辆使用管理

一、使用登记制度

1. 监督检验

根据《特种设备安全监察条例》，电梯、起重机械、客运索道、大型游乐设施的安装应当实施监督检验。使用单位新增并投入使用的电梯、起重机械、客运索道、大型游乐设施、厂内机动车辆必须符合国家有关法规标准的要求，未经监督检验合格的不得出厂或交付使用。客运索道、游乐设施改造项目或者安装客运索道及国家法规规定的游乐设施的项目必须提供规定的监督检验单位出具的设计审查报告。

客运索道监督检验必须在客运索道竣工，经营单位向所在地省级安全监督管理部门提出运营申请并经其对安全管理审查合格后进行，监督检验由国家客运索道监督检验单位承担。

2. 使用登记的基本要求

根据国务院《特种设备安全监察条例》，新增电梯、起重机械、客运索道、大型游乐设施、厂内机动车辆的使用单位，应当在规定期限内到所在地的市级以上安全监督管理部门办理使用登记手续。报废处理后，使用单位将原使用证交回发证机构，办理注销手续。厂内机动车辆报废后，还应将厂内机动车辆牌照交回原使用登记机构。

3. 登记程序

根据国务院《特种设备安全监察条例》及国家有关法规编制的电梯、起重机械、客运索道、大型游乐设施、厂内机动车辆使用登记程序如图 9-3 所示。

二、安装、作业、维修保养人员考核制度

电梯、起重机械、客运索道、大型游乐设施、厂内机动车辆的安装、操作、维修保养等作业人员，必须接受专业的培训、考核，取得市级以上安全监督管理部门颁发的特种设备作业人员证书后，方能从事相应的工作。

客运索道作业人员、维修保养人员的技术培训和考核发证由省级安全监督管理部门负责，索道站（公司）站长（经理）须经索道中心专业培训、考核合格，持有国家安全监督管理部门颁发的客运索道安全管理资格证方可上岗。

电梯、起重机械、客运索道、大型游乐设施、厂内机动车辆

使用单位	带：1.《特种设备注册登记表》，（一式两份）。 2. 试运行记录。 3.《客运索道安全管理审查表》。 4. 施工方案和施工记录。 5. 施工单位自检报告（新增无需现场安装除外）。 6. 配套工程的验收证明（客运管道和需土建的游乐设施）。
监督检验单位	1. 审核使用单位提供的资料。 2. 接申请后 10 个工作日安排检验，完成后 10 个工作日出具检验报告。 3. 检验合格，发《安全检验合格》标志，客运索道还应发给《客运索道安全检验合格证》。
使用单位	向所在地市级安全监督管理部门提出申请，提供以下资料： 1.《特种设备注册登记表》（一式两份）。 2.《特种设备作业人员资格证》。 3. 与维保单位签订的维保合同，或制造单位提供的维保证明文件或与本单位维保人员签订维保责任书。 4. 维保单位资格证（复印件），或者本单位维保人员《特种设备作业人员资格证》。 5. 检验报告和《安全检验合格》标志。 6. 使用和运营的安全管理制度。
地、市安全监督管理部门，其他授权的单位	1. 5 个工作日内完成审核有关资料，符合规定的填写《特种设备注册登记表》相关内容，办理注册登记手续。 2. 厂内机动车辆完成注册登记后，再核发厂内机动车辆牌照。
使用单位	1. 领取《特种设备注册登记表》。 2. 在规定位置上固定《安全检验合格》标志及相关牌照和证书。

图 9-3　电梯、起重机械、客运索道、大型游乐设施、厂内机动车辆使用登记程序

注：1. 产权单位或者使用单位自行决定封停特种设备使用且其期限超过 1 年时，应当报该设备注册登记机关备案，办理停用手续，经确认后，在其停止使用期间，不对其进行定期检查。

2. 封停特种设备期限超过 1 年但未报注册登记机关备案的，或者封停设备期限不足 1 年的，仍按照原期限进行定期检验。停止使用期限达到并拟重新使用时，应当按有关规定履行相应工作。

　　作业人员应熟悉并严格执行电梯、起重机械、客运索道、大型游乐设施、厂内机动车辆使用和运营的安全管理制度和各项操作规程，发现有异常情况，应及时处理，并按规定程序向有关部门报告，严禁带病运行。

　　维修保养人员数量应与工作量相适应，本单位没有能力维修保养的必须委托有资格的单位进行维修保养，被委托单位对维修保养的质量和安全技术性能负责。

三、定期检验制度

1. 定期检验的含义

电梯、起重机械、客运索道、大型游乐设施、厂内机动车辆的定期检验一般是指从电梯、起重机械、客运索道、大型游乐设施、厂内机动车辆办理使用登记开始到报废为止，在运行过程中，因磨损、老化、振动等因素造成对该类设备功能和运行的影响，而按该类设备相关法规依法进行的各种周期性检验，作出能否安全使用到下一个检验周期的鉴定结论。

从事电梯、起重机械、客运索道、大型游乐设施、厂内机动车辆监督检验的单位，必须取得省级以上安全监督管理部门资格许可和授权，方可承担相应的监督检验和定期检验工作。检验单位及检验人员应对检验结果、鉴定结论负责。

在用电梯、起重机械、客运索道、大型游乐设施、厂内机动车辆数量较多而且具有该类特种设备独立检验单位的大型企业，可以向所在地省级安全监督管理部门申请成立企业自检站，经上述机构核准建站方案，并经资格认可及授权后，可以承担本企业内在用相关特种设备的定期检验工作。

企业自检站及其检验人员从事授权检验类别以外的或者本企业之外的电梯、起重机械、客运索道、游乐设施、厂内机动车辆检验所出具的检验报告，不具备法律效力。

2. 定期检验的种类及结论

（1）电梯　电梯的使用单位应建立维护保养制度，明确维护保养者的责任，对电梯进行定期维护保养。维护保养单位必须具备相应条件，经所在地省级安全监督管理部门或其授权的安全监督管理部门资格许可，取得资格证书，方可承担许可项目的业务。电梯制造单位承担自己制造电梯的维修保养业务时，可与制造资格同时提出申请，并经资格认可。

根据《电梯监督检验规程》、《液压电梯监督检验规程（试行）》、《自动扶梯和自动人行道监督检验规程》和《杂物电梯监督检验规程》的规定，在用各类电梯定期检验周期均为1年。遇可能影响其他安全技术性能的自然灾害或者发生了设备事故后的电梯以及停用1年以上再次使用的电梯，进行设备大修后，应当按照验收检验的要求进行检验，消除影响安全的隐患。

（2）起重机械　使用起重机械的单位应经常检查起重机械的运行状况，每年至少进行一次全面检查；每月至少对一些主要安全保护装置、钢丝绳索、电气等进行检查；每次使用前也要对重点部位和装置进行检查。

根据《起重机械监督检验规程》（该规程适用于桥架型起重机、塔式起重机、流动式起重机和门座式起重机），在用起重机械的定期检验周期为两年。遇可能影响其安全技术性能的自然灾害或者发生设备事故后的起重机械以及停止使用1年以上再次使用的起重机械，进行设备大修后，都应当按照验收检验的要求进行检验。

根据《施工升降机监督检验规程》，施工升降机的定期检验周期为1年。遇可能影响其安全技术性能的自然灾害或者发生设备事故后的施工升降机以及停止使用1年以上再次使用的施工升降机，进行设备大修后，都应当按照验收检验的要求进行检验。

（3）客运索道　客运索道安装工程竣工后，索道站（公司）或者索道运营承包单位必须向所在地省级安全监督管理部门提出运营申请，并审查合格，再经国家客运索道监督检验单位对客运索道进行验收检验合格，发给安全检验合格标志后，方可投入正式运营。

根据《客运架空索道监督检验规程》，客运索道安全检验合格标志有效期为3年。有效期自国家客运索道监督检验单位签发验收检验报告之日起计算。有效期满后需要继续运营的，其索道站（公司）或者索道运营承包单位必须在期满前三个月向所在地省级安全监督管理部门提出运营复查申请。经所在地省级安全监督管理部门审查其安全管理状况合格，国家客运索道监督检验单位全面检验合格，取得新的安全检验合格标志后，方可继续运营。

国家客运索道监督检验单位负责全国客运架空索道的验收检验和全面检验。具有客运索道监督检验资格的省级特种设备监督检验单位负责本辖区内授权项目的年度检验。所在省（自治区、直辖市）没有客运索道检验单位的，以及授权项目之外客运索道的年度检验由国家客运索道监督检验单位承担。

根据《客运架空索道监督检验规程》，在客运索道安全检验合格标志有效期内，客运索道的定期检验周期为1年。年度检验不合格的不得运营。

（4）大型游乐设施　根据《游乐设施安全技术监察规程（试行）》，游乐设施分为A、B、C三级，A级游乐设施由国家游乐设施监督检验单位进行监督检验和定期检验；B、C级游乐设施由所在地区经国家特种设备安全监督管理部门授权的监督检验单位进行监督检验和定期检验。首台游乐设施的型式试验与监督检验由国家游乐设施监督检验单位一并进行。移动式游乐设施在首次投用时，必须按照有关使用登记管理规则的要求办理使用登记手续；易地使用前，使用单位必须到所在地区市级以上特种设备安全监督管理部门备案。易地重新安装的游乐设施，必须进行验收检验和办理注册登记。

根据《游乐设施监督检验规程（试行）》，在用游乐设施的定期检验周期为1年。

（5）厂内机动车辆　厂内机动车辆使用单位应当结合本单位生产作业区或者施工现场的实际情况，按照《工业企业厂内运输安全规程》等国家标准的要求，在生产作业区或者施工现场设置交通安全标志和进行交通安全管理。根据《厂内机动车辆监督检验规程》，在用厂内机动车辆的定期检验周期为1年。遇可能影响其安全技术性能的自然灾害或者发生设备事故后的厂内机动车辆以及停止使用1年以上再次使用的厂内机动车辆，进行大修后，应当按照本规程规定的内容进行验收检验。定期检验不合格或者安全检验合格标志超过有效期的不得使用，发证的安全监督管理部门应当收回牌照。

复习思考题

9-1　使用单位做好特种设备的使用管理总体要求有哪些？具体应怎样做？

9-2　特种设备使用单位应当建立哪些特种设备的管理制度？

9-3　锅炉的定期检验周期有什么规定？

9-4　保证锅炉安全运行应有哪些制度？

9-5　气瓶的定期检验周期有什么规定？

9-6　保证气瓶安全工作应有哪些措施？

9-7　压力管道有哪些分类？定期检验周期有什么规定？

9-8　电梯、起重机械的检验周期有什么规定？

9-9　保证电梯、起重机械安全运行应采取哪些措施？

第十章　设备伤害及其预防

设备技术状态不良容易产生设备故障乃至设备事故，而设备故障和设备事故可能会导致对员工的伤害后果，诱发职业病甚至发生伤亡事故。然而，诱发职业病和伤亡事故的因素很多，不仅仅是设备事故。总体来说，危险源和风险是诱发职业病和造成伤亡事故的根源和隐患。

第一节　伤亡事故与职业病、危险源与风险的概念

一、伤亡事故与职业病

事故对员工的危害后果主要表现为两种形式，一是人员伤亡（死亡及伤害），二是职业病（疾病）。

1. 伤亡事故

伤亡事故是指进入作业场所的所有人员发生的人身伤害、急性中毒事故，按伤亡程度不同，分为轻伤、重伤、死亡事故三种类型。

轻伤事故是指负伤后休息一个工作日以上，但构不成重伤的事故；重伤事故是指符合原劳动部（60）中劳护久字第 56 号《关于重伤事故范围的意见》的事故；死亡事故是指一次死亡 1 人以上的事故；重大死亡事故是指一次死亡 3 人以上（含 3 人）的事故；特别重大死亡事故是指一次死亡 10 人以上（含 10 人）的事故。

2. 职业病

职业病是指员工在工作中由于有毒有害物质、恶劣的作业环境、不良气象条件和生物因素、不合理的劳动组织等引起的疾病。与上述伤亡事故的突发性相比，职业病多是日积月累形成的慢性疾患。例如从事翻砂造型、焊接、喷砂、清理作业的工人，因长期接触粉尘、烟尘而得的尘肺病；从事涂装作业的工人，因长期接触有机溶剂而得的苯系物（苯、甲苯、二甲苯）中毒；从事冲压、锻造、铸件清理、试车等作业的工人，因长期在高噪声、高振动的环境中工作而引起的听力下降（噪声聋）等。

1957 年我国卫生部公布试行的《职业病范围和职业病患者处理办法的规定》中规定了14 种职业病，以后，有关部门又补充规定了 4 种。1987 年卫生部、劳动人事部、财政部、全国总工会联合发布关于修订《职业病范围和职业病患者处理办法的规定》的通知，重新规定了现行的职业病名单。

2001 年 10 月，我国正式颁布了《职业病防治法》。

二、危险源（危害）与风险（危险）

危险源是指"可能造成人员伤亡、疾病、财产损失、工作环境破坏的根源或状况"；风险是指"特定危害性事件发生的可能性与后果的结合"。危险源是引发风险的原因，风险是危险源引发的结果，两者之间存在因果关系。正是由于危险源和风险的存在，才有可能造成人员伤亡或发生损害员工身体健康、导致职业病产生的事故。因而，总体来说，危险源和风

险是造成伤亡事故和诱发职业病的根源和隐患。危险源、风险、事故三者之间的关系如图
10-1 所示。

三、危险源辨识、风险评价和风险控制

因为危险源、风险是造成事故的根源和隐患，
而危险源又是引发风险的原因，因而预防事故的治
本之策在于：在充分辨识系统的危险源的基础上，
通过风险评价，评价出重大危险源，针对重大危险
源采取有效的控制措施，将重大危险源可能引发的

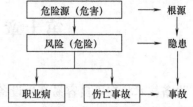

图 10-1　危险源、风险、事故之间的关系

事故隐患降至最小。OHSAS18001（职业健康及安全管理体系）标准的核心即是：有效控制
重大危险源，实现事故预防和持续改进，其过程如图 10-2 所示。

危险源辨识、风险评价和风险控制步骤如下：

1. 危险源辨识

危险源辨识要突出一个"全"字，即：要考虑三种时态（现在、过去、将来），三种状
态（正常、异常、紧急），七种类型（机械能、电能、热能、化学能、放射能、生物因素、
人机工程因素）；辨识的视野要遍及企业内所有的活动，所有的设备设施，所有的人员；辨
识的范围要涉及厂址、平面布置、建筑物、材料、生产工艺、生产设备、辅助设施、作业环
境和工时制度。

危险源辨识的思路及对象如图 10-3 所示。

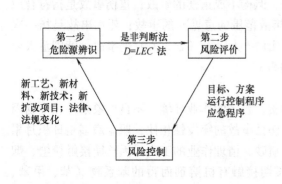

图 10-2　危险源辨识、风险评价和风险控制步骤

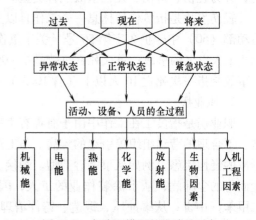

图 10-3　危险源辨识的思路及对象

2. 风险评价

风险评价要突出一个"准"字，即：在辨识出危险源及其可能引发的风险的基础上，
通过科学、简便的方法将风险级别高的重大危险源准确地评价出来，作为整个体系运行严加
控制的对象。针对机电设备制造业离散生产的特点，推荐采用"是非判断法"和"作业条
件危险性评价 $D = LEC$ 法"两种方法评价危险源产生的风险大小分级。

3. 风险控制

风险控制要突出一个"效"字，即：针对评价出的具有重大风险的危险源采取有效的
控制措施，确保将重大风险可能引发的事故隐患降至最小。通过职业安全健康体系的运行，
控制重大风险的途径一般有三个：一是通过目标、方案，控制现有防治措施难以奏效的重大

风险，或用于事故预防的持续改进；二是通过运行控制程序，加强并规范管理，用以控制正常生产活动中的重大风险；三是通过应急准备与响应程序，控制紧急、异常、突发性的重大风险。

"危险源辨识、风险评价及其控制"过程也是一个不断完善、持续改进的过程。当企业因开发新产品，采用新工艺、新材料、新技术，或上新扩改建项目时，当有关法律、法规发生变化时，都要通过辨识、评价，及时对危险源及重大风险进行更新并修订相应的目标、方案或程序，以确保重大危险源和风险永远处于有效控制之中。

四、劳动保护与职业安全健康

劳动保护是为了保护劳动者在劳动生产过程中的安全和健康，在改善劳动条件、预防工伤事故及职业病、实现劳逸结合等方面所采取的各种组织措施、技术措施和管理技术的总称。这在我国及前苏联、德国、奥地利等国统称为劳动保护，而美国、日本、英国等国家通常把这种影响作业场所内员工、临时工、合同工、外来人员和其他人员安全与健康的条件和因素称为职业安全与健康。虽然其名称不同，但其工作内容大致相同，可认为是同一概念的两种不同命名。

根据我国的"安全第一，预防为主"方针及OHSAS18001标准的精神，通过多种途径对重大

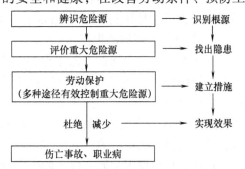

图 10-4　伤亡事故、职业病、危险源等
概念之间的关系

危险源的有效控制是劳动保护或职业安全健康工作的核心内容，因而可以用图 10-4 表示出本节各个基本概念之间的关系。

第二节　危险源的产生及类型

一、危险源的本质及产生原因分析

（一）危险源的本质

危险源是指可能造成人员伤亡、职业病、财产损失、工作环境破坏的根源或状态。尽管危险源种类繁多，在不同行业的表现形式也各不相同，但从本质上讲，之所以能造成危险后果，均可归结为：存在能量、有害物质以及能量和有害物质失去控制两方面因素的综合作用，并导致能量的意外释放或有害物质泄漏、散发的结果。故产生危险源的两个根本原因是：①存在能量和有害物质；②能量和有害物质失控。这也是危险源的本质所在。

（二）危险源产生的两大因素

综上所述，危险源的产生离不开如下两大因素：

1. 存在能量及有害物质

企业的生产活动就是将能量及相关物质（原辅材料，包括有害物质）转化为产品的过程，因而存在能量及有害物质是不可避免的。这类危险源一般称为第一类危险源，它是危险产生的物质基础和内在原因，它一般决定了事故后果的严重程度。

能量就是做功的能力，它既可以造福人类，也可以造成人员伤亡和财产损失。因而，一切产生、供给能量的能源和能量的载体，在一定条件下都可能是危险源。

例如：机械压力机、加工机床运转部件和工件的动能，吊起重物（或高处作业）的势能，各种热加工高温作业的热能、光能，各种电器的电能、辐射能，噪声的声能，锅炉、压力容器一旦爆炸产生的巨大冲击波、温度和压力等，在一定条件下都能造成各类事故。静止的工件棱角、毛刺、地面之所以能伤害人体，也是人体（相对）运动、摔倒时的动能、势能造成的。以上都是由于能量意外释放形成的危险源。

有害物质包括工业粉尘、有毒物质、腐蚀性物质和窒息性气体等，当它们直接与人体或物体发生接触时，能损伤人体的生理机能和正常代谢功能，破坏设备和物品的效能，导致人员死亡、职业病、健康损害、财产损失或环境破坏等。

有害物质可能作为原辅材料存在，如铸造的硅砂、涂装的苯系涂料、钢材预处理的酸、碱溶液；也可能是作业过程中生成的，如焊接锰尘、磨削油烟、工业炉窑的烟尘等。

2. 能量和有害物质失控

在生产中，企业通过工艺流程和工艺装备使能量、物质（包括有害物质）按人们的意愿在系统中流动、转换，生产产品，但同时也必须采取必要的控制（屏蔽）措施，约束、限制这些能量及有害物质的意外释放。一旦发生失控（没有控制；屏蔽措施或控制、屏蔽措施失效），就会发生能量、有害物质的意外释放，从而造成事故。所以失控也是一种危险源，被称为第二类危险源，它决定了危险源发生的外部条件和可能性大小。

造成失控的原因主要有以下四个方面：

（1）设备故障 故障是指设备（包括生产系统、设备、控制系统、安全装置、辅助设施等及其元器件）由于性能低下而不能实现规定功能的现象。具体如：压力机保护装置失灵造成断指伤害；车床卡盘失效造成工件飞逸伤人；电气绝缘损坏造成漏电伤害；涂装通风装置故障造成作业现场苯系物浓度超标；起重机械的限位装置失效造成重物坠落伤人；泄压安全装置故障造成压力容器爆裂、有害物质泄漏散发、易燃气体泄漏发生火灾等。

（2）人员失误 人员失误是指现场操作人员的行为结果偏离了安全操作的标准或惯例，使事故有可能或有机会发生的行动。具体如：在手未离开冲头工作范围时，误踏压力机开关造成断指伤害；不按规定装卡工件，致使车削工件飞逸伤人；在焊接、涂装、铸件清理等作业中不按规定佩戴防护用具；在设备检修时，误合开关使检修中的线路漏电、设备意外起动；在起重作业中，吊索具使用不当、吊重挂绑方式不当，使钢丝绳断裂、吊重失效坠落等。

（3）管理缺陷 包括以下几个方面：

1）物的管理缺陷。如作业现场、作业环境的安排设置不合理；防护用品缺少或有缺陷；危险标示不全、不准确等。

2）人的管理缺陷。如教育、培训不够，对作业任务和作业人员安排不当等。

3）规章制度缺陷。如作业程序、工艺流程、操作规程制订得不合理等。

（4）环境缺陷 作业场所的温度、湿度、照明、视野、色彩、通风换气、噪声、振动等环境条件，有的本身就是危险源（如噪声、振动、有毒气体的排放），而且它们也是引起人员失误或设备故障的重要外因。如在阴雨潮湿的季节，手持电动工具操作很易因漏电造成触电伤害。

（三）危险源的根源分析

综上所述，危险源产生的根源来自于三个方面：物的不安全状态、人的不安全行为、管理及环境缺陷。

1. 物的不安全状态

物的不安全状态包括能量及有害物质的存在以及设备故障两个方面造成的后果。

机电设备制造企业，经常存在的物的不安全状态的分类及举例见表10-1。

表10-1 制造企业常见的物的不安全状态分类及举例

序号	类 别	举 例
1	高压、易燃、易爆、有毒、腐蚀等物质的存在	高压气瓶,压力容器,锅炉,氧气,油品,液化气,煤气,乙炔气,危险化学品,油漆等
2	机械、电气设备的本质安全性差	选用不当,设计不当,材料不当,超期服役,维修不及时或维修不良
3	安全防护措施、装置的缺陷	没有防护装置或防护装置不完善、不可靠,接地或绝缘不良,没有屏蔽或屏蔽不充分
4	工作场所的缺陷	通道不畅,间隔不足,物品(设备、设施、工辅具、工件等)配置及相互位置不当,材料、工件堆积方式不当,对意外的摆动防范不够等
5	个人防护用品、用具的缺陷	缺乏必要的个人防护用品、用具,防护用品、用具质量不良等

2. 人的不安全行为

不安全行为可能是：本不应做而做了某件事；本不应该这样做（应该用其他方式做）而这样做了某件事；或者应该做某件事却没做成。

制造业企业可能发生的人的不安全行为的分类及举例见表10-2。

表10-2 制造业企业可能发生的人的不安全行为分类及举例

序号	类 别	举 例
1	不按规定的方法操作	不按操作顺序作业,使用设备、工具的方法不当,使用有缺陷的设备、工具,操作工具选用有误,擅离运转着的设备,设备运转超速,送料或加料过快,加工量过大等
2	不采取安全措施	不防止意外危险(加工工件装夹固定不牢,开关、阀门上锁)等,不防止压力机、起重机等危险设备突然开动,在存在易燃易爆物品的场所进行焊接切割作业等
3	对运转中的设备、装置进行擦洗、加油、修理、调节等	对运转中的机床进行擦洗、加油、人工测量尺寸,对运转中的电气设备进行维修等
4	安全装置失效	拆掉、移走安全装置(如安全阀、熔丝等),使安全装置不起作用(关闭、堵塞安全装置等),安全装置调整失误中,去掉防护盖、罩、栅栏或使其失效
5	制造危险状态	起重机械、运输车辆、输送线超载超负,熔化炉炉料中混有易爆物品,临时使用不安全设施、工具等
6	使用的保护用具、服装等有缺陷	不使用保护用具,不穿安全服装或安全服装选用、使用不当等
7	不安全放置	机械设备不在安全状态
8	接近危险场所	不必要地接近、接触运转中的设备、吊起的重物、危险的有害场所、易倒塌的物品等
9	其他不安全行为	用手代替工具,从中间或底部抽取工件,扔抛代替手递,负重过多,拿、扛、推、拉原材料及工件的方法不当等

3. 管理及环境缺陷

管理及环境方面的缺陷对危险源产生的影响主要在于缺陷的存在加剧了物的不安全状态和人的不安全行为的危险程度，从而诱发事故的发生。另外，它们也会直接导致事故的发生。

（四）危险源产生因素与事故之间的关系

根据系统安全的观点，分析生产过程中的危险源产生因素与事故之间的关系，可用如图10-5 和图 10-6 所示的事故发生的因果连锁图表示。

图 10-5　正常生产条件下的因果连锁图

二、危险源的分类

危险源的分类方法很多。综上所述，按危险源产生的两大根源分类，可分为第一类危险源（能量及有害物质的存在）和第二类危险源（能量及有害物质的失控）。在危险源识别等实际应用中还应有更为具体、详细的分类。现根据我国的有关标准，介绍两种分类方法。

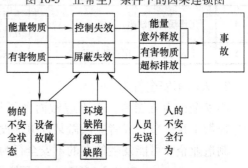

图 10-6　系统安全观点的事故因果连锁图
（危险源与事故的因果关系）

（一）按导致事故和职业危害的直接原因进行分类

根据 GB/T 13861—2009《生产过程危险和有害因素分类与代码》的规定，将生产过程中的危险和有害因素分为四大类：人的因素；物的因素；环境因素；管理因素。这种分类方法所列危险、有害因素具体、详细、科学合理，适用于各行业在规划、设计和组织生产时对危险、有害因素的预测和预防，对伤亡事故原因的辨识与分析，也适用于职业安全卫生信息的处理和交换。

1. 人的因素

是指在生产活动中，来自员工自身或人为性质的危险和有害因素。

（1）心理、生理性危险和有害因素

1）负荷超限。指体力负荷超限，听力负荷超限，视力负荷超限和其他负荷超限。

2）健康状况异常。

3）从事禁忌作业。

4）心理异常。指情绪异常，冒险心理，过度紧张和其他心理异常。

5）辨识功能缺陷。指感知延迟，辨识错误和其他辨识功能缺陷。

6）其他心理、生理性危险和有害因素。

（2）行为性危险和有害因素

1）指挥错误。指指挥失误，违章指挥和其他指挥错误。

2）操作错误。指误操作，违章作业和其他操作错误。

3）监护失误。

4）其他行为性危险和有害因素。

2. 物的因素

是指机械、设备、设施、材料等方面存在的危险和有害因素。

（1）物理性危险和有害因素

1）设备、设施、工具、附件缺陷。指强度不够，刚度不够，稳定性差，密封不良，耐蚀性差，应力集中，外形缺陷，外露运动件、操纵器缺陷，制动器缺陷，控制器缺陷，设备、设施、工具、附件的其他缺陷。

2）防护缺陷。指无防护，防护装置、设施缺陷，防护不当，支撑不当，防护距离不够和其他防护缺陷。

3）电伤害。指带电部位裸露，漏电，静电和杂散电流，电火花和其他电伤害。

4）噪声。指机械性噪声，电磁性噪声，流体动力性噪声和其他噪声。

5）振动危害。指机械性振动，电磁性振动，流体动力性振动和其他振动危害。

6）电离辐射。

7）非电离辐射。指紫外辐射，激光辐射，微波辐射，超高频辐射，高频电磁场和工频电场。

8）运动物伤害。指抛射物，飞溅物，坠落物，反弹物，土、岩滑动，料堆（垛）滑动，气流卷动和其他运动物伤害。

9）明火。

10）高温物质。指高温气体，高温液体，高温固体和其他高温物质。

11）低温物质。指低温气体，低温液体，低温固体和其他低温物质。

12）信号缺陷。指无信号设施，信号选用不当，信号位置不当，信号不清，信号显示不准和其他信号缺陷。

13）标志缺陷。指无标志，标志不清晰，标志不规范，标志选用不当，标志位置缺陷和其他标志缺陷。

14）有害光照。

15）其他物理性危险和有害因素。

（2）化学性危险和有害因素

1）爆炸品。

2）压缩气体和液化气体。

3）易燃液体。

4）易燃固体、自燃物品和遇湿易燃物品。

5）氧化剂和有机过氧化物。

6）有毒品。

7）放射性物品。

8）腐蚀品。

9）粉尘与气溶胶。

10）其他化学性危险和有害因素。

（3）生物性危险和有害因素

1）致病微生物。指细菌，病毒，真菌和其他致病微生物。

2）传染病媒介物。

3）致害动物。

4）致害植物。

5）其他生物性危险和有害因素。

3. 环境因素

是指生产作业环境中的危险和有害因素，包括室内、室外、地上、地下（如隧道、矿井）、水上、水下等作业（施工）环境。

（1）室内作业场所环境不良

1）室内地面滑。

2）室内作业场所狭窄。

3）室内作业场所杂乱。

4）室内地面不平。

5）室内梯架缺陷。

6）地面、墙和天花板上的开口缺陷。

7）房屋基础下陷。

8）室内安全通道缺陷。

9）房屋安全出口缺陷。

10）采光照明不良。

11）作业场所空气不良。

12）室内温度、湿度、气压不适。

13）室内给、排水不良。

14）室内涌水。

15）其他室内作业场所环境不良。

（2）室外作业场地环境不良

1）恶劣气候与环境。

2）作业场地和交通设施湿滑。

3）作业场地狭窄。

4）作业场地杂乱。

5）作业场地不平。

6）航道狭窄、有暗礁或险滩。

7）脚手架、阶梯和活动梯架缺陷。

8）地面开口缺陷。

9）建筑物和其他结构缺陷。

10）门和围栏缺陷。

11）作业场地基础下沉。

12）作业场地安全通道缺陷。

13）作业场地安全出口缺陷。

14）作业场地光照不良。

15）作业场地空气不良。

16）作业场地温度、湿度、气压不适。

17）作业场地涌水。

18）其他室外作业场地环境不良。

（3）地下（含水下）作业环境不良

1）隧道/矿井顶面缺陷。

2）隧道/矿井正面或侧壁缺陷。

3）隧道/矿井地面缺陷。

4）地下作业空气不良。

5）地下火。

6）冲击地压。

7）地下水。

8）水下作业供氧不当。

9）其他地下作业环境不良。

（4）其他作业环境不良

1）强迫体位。

2）综合性作业环境不良。

3）以上未包括的其他作业环境不良。

4. 管理因素

是指管理和管理责任缺失所导致的危险和有害因素。

1）职业安全卫生组织机构不健全。

2）职业安全卫生责任制未落实。

3）职业安全卫生管理规章制度不完善。建设项目"三同时"制度未落实，操作规程不规范，事故应急预案及响应缺陷，培训制度不完善，其他职业安全卫生管理规章制度不健全。

4）职业安全卫生投入不足。

5）职业健康管理不完善。

6）其他管理因素缺陷。

（二）参照事故类别和职业病类别进行分类

此种分类方法所列的危险、有害因素与企业职工伤亡事故处理（调查、分析、统计）、职业病处理和职工安全教育的口径基本一致，为劳动部门、行业主管部门劳动安全健康管理人员和企业广大职工、安全管理人员所熟悉，易于接受和理解，便于实际应用，但缺少全国统一规定，尚待在应用中进一步提高其系统性和科学性。

1. 危险因素分类

参照 GB 6441—1986《企业职工伤亡事故分类》，综合考虑起因物、引起事故的先发的诱导性原因、致害物、伤害方式等，将危险因素分为 16 类。

（1）物体打击　指物体在重力或其他外力的作用下产生运动，打击人体造成人身伤亡事故，不包括因机械设备、车辆、起重机械、坍塌等引发的物体打击。

（2）车辆伤害　指企业机动车辆在行驶中引起的人体坠落和物体倒塌、飞落、挤压伤亡事故，不包括起重设备提升、牵引车辆和车辆停驶时发生的事故。

（3）机械伤害　指机械设备运动（静止）部件、工具、加工件直接与人体接触引起的夹击、碰撞、剪切、卷入、绞、碾、割、刺等伤害，不包括车辆、起重机械引起的机械伤害。

（4）起重伤害　指各种起重作业（包括起重机安装、检修、试验）中发生的挤压、坠落、（吊具、吊重）物体打击和触电。

（5）触电　包括雷击伤亡事故。

（6）淹溺　包括高处坠落淹溺，不包括矿山、井下透水淹溺。

（7）灼烫　指火焰烧伤、高温物体烫伤、化学灼伤（酸、碱、盐、有机物引起的体内外灼伤）、物理灼伤（光、放射性物质引起的体内外灼伤），不包括电灼伤和火灾引起的烧伤。

（8）火灾。

（9）高处坠落　指在高处作业中发生坠落造成的伤亡事故，不包括触电坠落事故。

（10）坍塌　指物体在外力或重力作用下，超过自身的强度极限或因结构稳定性破坏而造成的事故，如挖沟时的土石塌方、脚手架坍塌、堆置物倒塌等，不适用于矿山冒顶片帮和车辆、起重机械、爆破引起的坍塌。

（11）放炮　指爆破作业中发生的伤亡事故。

（12）火药爆炸　指火药、炸药及其制品在生产、加工、运输、贮存中发生的爆炸事故。

（13）化学爆炸　指可燃性气体、粉尘等与空气混合形成爆炸性混合物，接触引爆能源时，发生的爆炸事故（包括气体分解、喷雾爆炸）。

（14）物理性爆炸　包括锅炉爆炸、容器超压爆炸、轮胎爆炸等。

（15）中毒和窒息　包括中毒、缺氧窒息、中毒性窒息。

（16）其他伤害　指除上述以外的危险因素，如摔、扭、挫、擦、刺、割伤和非机动车碰撞、轧伤等（矿山、井下、坑道作业还有冒顶片帮、透水、瓦斯爆炸等危险因素）。

2. 有害因素分类

参照卫生部、原劳动部、总工会等颁发的《职业病范围和职业病患者处理办法的规定》，将有害因素分为生产性粉尘、毒物、噪声与振动、高温、低温、辐射（电离辐射、非电离辐射）、其他有害因素等七类。

第三节　危险源辨识

一、辨识思路及范围

要突出一个"全"字，做到"横向到边，纵向到底，不留死角，一个不漏"。

1. 辨识思路要全面考虑（见图10-3）

1）三种时态：现在、过去、将来。

2）三种状态：正常、异常、紧急。

3）七种类型：机械能、电能、热能、化学能、放射能、生物因素、人机工程因素。

4）三个对象：企业所有的活动、所有的设备设施、所有的人员。

2. 辨识范围及重点

辨识的范围要涉及厂址、厂区平面布置、建筑物、材料、生产工艺过程、生产设备、辅助设施、员工作业环境、工时制度等，见表10-3。重点是生产活动、设备设施、员工及其作业环境三个方面。机电设备制造企业以上三个方面的危险源辨识重点分别见表10-4、表10-5和表10-6。

表10-3 危险源辨识范围

厂址	地形、气象、自然灾害、运输线路及码头
厂区平面布置	功能区、危险设施布置、生产物流
建筑物	防火、通道、安全卫生设施
材料	危险化学品、易燃易爆品、MSDS
生产工艺过程	作业及控制条件、温度、压力、速度
生产设备	机械设备、电气设备、压力设备
辅助设施	锅炉房、氧气站、空压站、危险品库
员工作业环境	粉尘、毒物、噪声、振动、辐射、温度
工时制度	女工劳保、体力劳动强度

表10-4 机电设备制造企业生产活动危险源辨识范围及重点

程度过程 \ 危险源	机械伤害	起重运输伤害	触电伤害	高温伤害	爆炸与火灾	粉尘与烟尘	有毒有害物质	噪声	振动	辐射
铸造	●●●	●●	●●	●●●	●●●	●●●	●●●	●●●	●●●	●●
锻造	●●●	●●	●●	●●	●●	●●	●●	●●●	●●●	●●
冲压	●●●	●●	●					●●●	●●●	
焊接、热切割、热喷涂	●	●	●●	●●	●●	●●	●●	●	●	●●●
热处理	●	●●	●●	●●●	●●●	●●	●●	●	●	●●
注射	●	●	●●	●●●	●●	●	●●	●	●	
电镀化学转化膜	●	●	●●	●●		●●	●●	●		
涂装	●	●●	●●	●●	●●	●●	●●	●	●	
切削加工	●●●		●●			●		●		
磨削加工	●●	●●	●●	●		●●●	●	●	●	
电加工			●●	●●		●	●	●		●●
高能束加工			●●	●●		●	●	●		●●●
物流	●●●	●●●	●					●●	●●	
仓储		●●			●●●		●●●			
清洗	●	●●	●●	●●		●	●●●	●	●	
包装	●●	●●	●				●	●	●	
装配	●●●	●●●	●●					●●●	●●●	
检验	●	●	●●		●	●	●●	●●	●●	●●●

注：程度分级：●●●——严重；●●——显著；●——轻微。

表 10-5　机电设备制造企业的设备设施危险源辨识范围及重点

序号	类　别	举　例
1	生产主机	锻造机械;铸造机械;铸造熔炼炉;工业炉窑(锻造、热处理加热);电焊机;冲剪压机;切削机床;特种加工机床;注塑机;木工机械;电镀设备;涂装设备;离子镀膜设备;热喷涂设备;清洗设备;制版设备;装配线;自动控制系统
2	工模器具	砂轮机;手持电动工具;风动工具;工、卡、量、刃、具;模具;工位器具;酸碱油槽
3	物流(起重运输)设备	起重机械;机械化运输线;带式运输机;厂内机动车辆
4	电力设施	变配电站;发电设备;低压电气线路;动力照明箱(柜、板);接地系统;防雷装置
5	高压、易燃、易爆设施及物品	锅炉与辅机;压力容器;空气机站;煤气站;制氧站;液化气站;乙炔发生站;工业气瓶;油库;危险、化学品库;木料堆场
6	检验、试验设备	型式试验台;电气试验台;擦伤设备
7	办公设备	计算机;复印机;传真机;网络系统
8	其他辅助设备	工业管道;登高梯台;防火通道;通风设施;环保设施;移动式电风扇;炊事机械

表 10-6　机电设备制造企业人员及作业环境危险源辨识范围及重点

序号	类　别	举　例
1	作业环境	粉尘;有毒有害物质;噪声;振动;辐射;高温;低温;照明;安全通道
2	操作工艺及规程	作业及控制条件;操作顺序;温度;压力;速度;量程
3	特种工种培训及持证上岗	电工;金属焊接、切割;压力容器操作;起重机械操作;厂内机动车驾驶;冲剪压机操作;锅炉操作;登高作业;制冷作业
4	工时制度	女工及未成年工劳保;体力劳动强度
5	人员安全防护措施	安全防护装置;危险牌示和识别标志;个人防护用品

3. 危险源辨识还应考虑的其他因素

1)适用的法律、法规、标准和其他要求。

2)来自员工及相关方有关职业安全健康方面的意见和要求。

3)本企业曾经发生过的事故信息及典型危险源。

4)同行业其他企业曾经发生过的事故信息。

5)企业的其他有关活动、过程、设施、人员方面的信息。

二、危险源辨识方法

危险源辨识方法很多。很多定性或定量的系统安全评价方法,都可用于危险源辨识,但选用哪种方法要根据不同行业和生产过程的特点。

(一)已有的辨识方法

已有的危险源辨识方法大致可分为两大类。

1. 直观经验法

直观经验法采用查询资料、现场观察、人员访谈、发调查表等方式,适用于有经验可以借鉴的危险源辨识过程。它又分为两种。

(1)对照经验法　对照有关标准、检查表或依靠分析人员的观察分析能力,直观地凭经验评价危险源的方法。为弥补个人判断的不足，常采用专家会议方式进一步集思广益。

（2）类比方法 利用相同或相似作业条件的经验和统计资料来类推、分析危险源。

2. 系统安全分析方法

适用于复杂系统和没有事故经验的新开发系统，主要有事件树（ETA）、事故树（FTA）等。

（二）适用于机电设备制造企业的危险源辨识方法

针对机电设备制造生产离散性很强的特点（由很多彼此独立的生产工序组成），借鉴建立环境管理体系中识别环境因素的"工序—输入—输出分析法"，推荐采用"工序—设备—人员分析法"进行危险源辨识。其具体做法是：企业各车间、部门将其活动划分为具体工序（划分的粗细程度要恰当，粗到能对其进行有意义的验证，细到能对其进行充分的理解），针对工序的人员活动、设备设施、作业环境和能源资源的输入输出，分别识别出设备设施的不安全状态、人的不安全行为、工业卫生（作业环境）、突发事件、相关方等各种类型的危险源（见图10-7）。

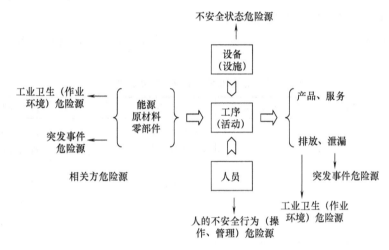

图10-7 "工序—设备—人员分析法"危险源识别方法示意图

以某机械厂的金属切削加工车间为例，应用"工序—设备—人员分析法"辨识危险源的步骤及结果如下。

1. 划分工序

结合车间的实际情况，将生产活动划分为不同工序。首先选取应用最广泛的车床加工这道工序，画出"工序—设备—人员流程图"（见图10-8）。

2. 危险源辨识

应用"工序—设备—人员分析法"逐项对危险源进行辨识。

（1）电能、车床及附件的危险源

1）机床接地不良。

2）电器漏电。

3）卡盘飞逸。

4）润滑油泄漏。

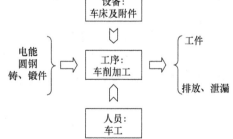

图10-8 车削加工"工序—设备—人员流程图"

5）切削液泄漏。

6）脚踏板损坏。

（2）车削加工、车工的危险源

1）切屑飞溅。

2）工件飞逸。

3）刀具破碎飞逸。

4）防护用品使用不当。

5）加工中测量、擦洗。

（3）工业卫生（作业环境）的危险源

1）噪声排放。

2）铸件加工粉尘排放。

3）铸锻件加工油烟排放。

3. 车削加工危险源辨识结果整理

将辨识结果及对应的风险（危险）进行整理，填写在事先设计好的危险源清单中，见表 10-7。

表 10-7　金属切削加工车间危险源清单

序号	工段（班组）	工艺过程	工序/设备/人员	危险源（危害）	风险（危险）
1	车工工段	车削加工	车削/车床/车工	1）切屑飞溅	伤人、灼人、扎脚
				2）工件飞逸	机械伤害
				3）卡盘飞逸	机械伤害
				4）刀具破碎飞逸	机械伤害
				5）加工中测量、擦洗	机械伤害
				6）车床接地不良	触电伤害
				7）电器漏电	触电伤害
				8）防护用品使用不当	人员伤害
				9）润滑油泄漏	人员滑倒摔伤
				10）切削液泄漏	人员滑倒摔伤
				11）噪声排放	听力损伤
				12）铸件加工粉尘排放	诱发职业病
				13）铸锻件加工油烟排放	诱发职业病
				14）脚踏板损坏	人员绊倒摔伤

4. 危险源辨识结果汇总

按照上述方法将金属切削加工车间各道工序的危险源分别辨识出来，汇总成全车间的危险源清单，然后再汇总各车间、部门的辨识结果，形成全厂的危险源清单。

第四节　重大危险源的判定

根据 OHSAS 18001 标准的定义，风险是危险源的结果（造成事故的可能性和后果的结合），因而要在危险源辨识的基础上，进行风险评价，用于预测危险源的危险程度，对企业现阶段的危险源所带来的风险进行评价分级，确定重大风险及其根源——重大危险源，以有针对性地进行风险控制。

一、风险评价的依据和准则

1）企业的危险源清单。

2）相关的法律、法规、标准和其他要求。

3）企业曾经发生过的安全事故及整改情况。

4）相关方（特别是员工）的利益和要求。

二、风险（危险）评价方法

风险评价的方法很多，但每一种方法都有其一定的局限性和适用对象，所以有必要在全面了解各种方法优缺点的基础上，针对行业特点，选取适用的方法。

1. 已有的风险评价方法

1）是非判断法（定性）。

2）安全检查表法（定性）。

3）预先危险性分析法（定性）。

4）事故树分析法（定量）。

5）事件树分析法（定量）。

6）故障类型和影响分析法（定量）。

7）火灾、爆炸危险指数评价法（化工行业，定量）。

8）帝国化学公司危险度评价法（化工行业，定量）。

9）日本危险度评价法（化工行业，定量）。

10）作业条件危险性评价法（制造业，半定量）。

2. 适合机电设备制造企业的风险评价方法

根据机电设备制造企业离散生产，制造生产流程可划分为各个独立的作业（工序）这种特点，对制造业企业推荐采用"是非判断法"和"作业条件危险性评价法"两种方法配合使用，进行风险评价。现将该两种方法简介如下。

（1）是非判断法　根据相关法律、法规和标准，参考本企业的实际情况，不用定量计算，依靠人的经验和判断能力，直接将本企业的某些危险源带来的风险定为级别较高的重大危险源。

当企业的危险源及可能产生的后果符合下述 4 种情况之一时，则直接将其定为重大危险源。

1）不符合职业安全健康法规、标准的。

2）直接观察到存在潜在重大风险（泄漏、火灾、爆炸等）的。

3）曾发生过事故，尚无合理有效控制措施的。

4）相关方有合理的反复抱怨或迫切要求的。

（2）作业条件危险性评价法（$D = LEC$ 法）　这是一种简单易行的评价人们在具有潜在危险性环境中作业时的危险性的半定量评价方法。它是用与该作业条件风险率有关的三种因素指标值之积来评价人员伤亡风险大小的，这三种因素是：

L——发生事故的可能性大小。

E——人体暴露于危险环境中的频繁程度。

C——一旦发生事故会造成的损失后果。

可采取半定量计值法，给定三种因素的分值，再以三个分值的乘积 D 来评价危险性的大小，即 $D = LEC$。D 值大，说明该作业条件危险性大，需要增加安全措施，或减小发生事故的可能性，或减少人体暴露于危险环境中的频繁程度，或减轻事故损失，直至将其调整到允许范围。

1）L——发生事故的可能性大小。事故或危险事件发生的可能性大小，当用概率来表示时，绝对不可能发生的概率为0；而必然发生的事件概率为1。然而，从系统安全角度考虑，绝不发生事故是不可能的，所以人为地将"发生事故可能性极小"的分数定为0.1，而必然要发生的事件的分数定为10，介于这两种情况之间的各种情况规定了若干个中间值，见表10-8。

表 10-8　事故发生的可能性大小 L

分数值	事故发生的可能性	分数值	事故发生的可能性
10	完全可以预料	0.5	很不可能,可以设想
6	相当可能	0.2	极不可能
3	可能,但不经常	0.1	实际不可能
1	可能性很小,完全意外		

2）E——暴露于危险环境的频繁程度。人员出现在危险环境中的时间越多，则危险性越大。规定连续处于危险环境的情况为10，而非常罕见地出现在危险环境中定为0.5，介于两者之间的各种情况规定了若干个中间值，见表10-9。

表 10-9　暴露于危险环境的频繁程度 E

分数值	频繁程度	分数值	频繁程度
10	连续暴露	2	每月一次暴露
6	每天工作时间内暴露	1	每年几次暴露
3	每周一次或偶然暴露	0.5	非常罕见地暴露

3）C——发生事故产生的后果。事故造成的人身伤害与财产损失变化范围很大，所以规定其分数值为 1~100，把需要救护的轻微伤害或很小财产损失的分数规定为1，把造成多人死亡或特大财产损失的分数规定为100，其他情况的数值均在1与100之间，见表10-10。

表 10-10　发生事故产生的后果 C

分数值	后　　果	分数值	后　　果
100	大灾难,许多人死亡,或者造成特大财产损失	7	严重,重伤,或者造成一定财产损失
40	灾难,数人死亡,或者造成重大财产损失	3	重大,致残,或者造成较小财产损失
15	非常严重,一人死亡,或者造成较大财产损失	1	轻微伤害,需要救护,或者造成很小财产损失

4）D——危险性分值。根据公式（$D = LEC$ 法）就可以计算出作业的危险性分值 D。但关键是如何确定风险级别的界限值，而这个界限值并不是长期不变的，不同的企业界限值也不尽相同。企业可结合本企业的实际，确定不同时期的界限值，以符合持续改进的思想。

表 10-11 的数值可作为确定风险级别界限值的参考。

表 10-11　风险级别划分

D 值	危 险 程 度	D 值	危 险 程 度
>320	极其危险,不能继续作业	20 ~ 70	一般危险,需要注意
160 ~ 320	高度危险,需要立即整改	<20	稍有危险,可以接受
70 ~ 160	显著危险,需要整改		

三、企业风险评价程序

综上所述,企业的风险(危险)评价程序如图 10-9 所示。

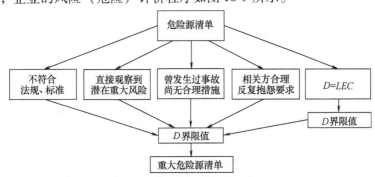

图 10-9　企业风险评价程序

第五节　风 险 控 制

企业评价出具有重大风险的危险源以后,要采取有效的控制途径和技术措施,确保将重大危险源引发事故的可能性降至最小。控制途径一般是指职业安全健康管理体系的建立和实施,通过加强管理(配以必要的技术改造措施),对重大危险源进行有效控制。而技术措施主要指通过劳动保护技术及设施对重大危险源实施控制的技术方法。两者之间侧重点不同,但有密切的联系。

一、重大危险源的控制途径

1. 建立职业安全健康目标和管理方案

用于控制现有防治措施难以奏效因而不符合法规的重大危险源,或用于事故预防的持续改进。一般需有一定投入,建设一些治理技术设施。

2. 运行控制程序

通过加强并规范管理,用于控制正常生产活动中的重大危险源。企业自身的重大危险源采用控制程序,相关方在企业内带来的重大风险采用管理程序。

3. 应急准备与响应程序

通过加强并规范管理,用于控制紧急、异常、突发性的重大风险(如危险化学品的泄漏、火灾、爆炸等)。

二、重大风险控制的技术措施

重大风险控制的技术措施方法很多,机电设备制造企业可以按以下顺序选择技术措施。

1. 消除风险——直接安全技术措施

1）确保机械，电气，厂房，工、量、刃具等的本质安全。

2）采用无毒无害原辅材料代替有毒有害原辅材料。

2. 降低风险——间接安全技术措施

1）多种机械、电气、电子、光电式安全防护装置及措施。

2）采用低毒低害原辅材料代替高毒、高害原辅材料。

3）采用多种除尘、通风换气、降噪、防辐射技术措施。

3. 规避风险——指示性安全技术措施

1）检测报警装置及仪器。

2）警示标志。

4. 减弱风险——操作性安全技术措施

1）个人防护用品。

2）安全操作规程。

3）安全教育培训。

其中第1、2、3三种技术措施需要通过目标、方案实现，第4种主要通过加强管理（运行控制和应急程序）实现。

第六节　设备制造过程重大危险源与风险分析及防护措施

一、危险源及风险产生的根源

机电设备制造过程是存在安全隐患较多、事故及职业病频发的行业及工艺过程，其危险源及风险产生的根源主要有以下几个方面。

1）存在多种高温、高压、瞬时的能量转换及释放和复杂的物理化学反应，具体有打击、挤压、辊辗、压实、冲裁、振动、冲击、提升、下落、混碾、强抛、烘烤、加热、急冷、燃烧、熔化、除气、精炼、变质、固化、挥发、喷涂、沉积、扩散、氧化、还原、分解、置换、切割、切削、磨削、打磨、放电、电解、电离等，这些复杂的能量释放和物化反应是产生危害危险并使危险源多种多样的总根源。

2）生产离散性强，工序及工艺装备繁杂，动力（电、气、油、焦炭等）、传动系统（机械、气动、液压等）、控制系统（电、气、液等）及运动方式多种多样，生产设施呈立体、交错、多层状态遍布空中、地面、地下，极易产生机械、起重运输、触电、噪声、振动等伤害。

3）金属原材料及工件笨重，起重运输量大而复杂；工艺材料繁多，形态各异（固态、粉末、液态、高压气体、胶体），且有些材料或其反应产物为粉尘、烟尘、有毒有害物质或易燃易爆物质，是造成爆炸、火灾等突发事故和尘肺、慢性中毒等职业病的根源。

4）生产过程绝大多数开放在空气中进行，操作者直接面对高温、高压、振动、冲击、粉尘烟尘、噪声、辐射、有毒有害物质等作业环境，有时需要在高空、地下、高压容器或工件内以及在易燃易爆环境中进行危险作业，劳动条件十分恶劣。

5）近年来高新技术与传统机械行业相结合，不仅带来了高能束加工、新材料加工、机器人加工、FMS、CIMS、网络制造、智能制造等崭新技术，也带来了一些新的安全及职业病隐患。如：光污染，视频、高频、电磁场、微波等辐射损害的种类和程度均有增加；由于自控系统失灵造成的机械损伤也时有发生。

二、危险源的类型

机电设备制造过程的危险源有不少同时也是环境污染源（即 ISO14000 标准中的环境因素）。按其与环境的关联程度，可将危险源分为以下三种类型。

1）对环境影响不大，主要对操作者安全及健康构成较大威胁的因素。主要有机械伤害、起重运输伤害、触电损伤、高温损害、爆炸与烫伤等。

2）对操作者安全及健康构成威胁的、同时严重污染环境的因素。主要有粉尘与烟尘、有毒有害物质、噪声、振动、辐射等。

3）对环境造成较大污染，但对操作者直接危害较小的因素。主要有废水、废渣、废砂及其他固体废弃物等的排放。

职业安全健康管理体系重点针对 1）、2）两种类型的因素采取对策，而环境管理体系的侧重点在 2）、3）。可以看出，两者有相当多的因素是相同的，因而两者同时认证是最佳选择。

三、风险分析及防护措施

1. 机械伤害

如上所述，机电设备制造过程存在的多种复杂的能量释放及机械运动过程极易造成机械伤害，包括各种冷热加工设备的主机，辅机，工、模、卡、刃、具，物流设备以及被加工或装配的工件在运转时直接与人体接触引起的剪切、挤压、夹击、碰撞、飞溅、卷入、绞、碾、割、刺、扎、砸等伤害。其中尤以冲裁操作的断指伤害，切削加工的卷入伤害，铸造、锻造、装配等作业的碰撞、砸伤等较为常见。如：据东南沿海某市 1997 年统计，该市有机械压力机约 1 万台，年发生断指事故 2500 余起，轻者切断 1 至 2 根手指，重者整个手掌切断。

防护措施：

1）采用安全设计方法和人机工程学方法设计各类加工设备，辅助设备，工、模、卡具及车间、生产线布局，确保机械及生产线的本质安全。

2）采用合理、可靠的安全装置、防护装置及急停装置，规避设备可能产生的意外不安全。

3）制定并严格遵守操作规程、作业指导书，并制订应急预案。

以最容易发生机械伤害的机械压力为例，其防护措施如下。

首先，要确保压力机的本质安全：①离合器动作要灵敏可靠、无连冲；②制动器要工作可靠，与离合器相互协调且联锁；③脚踏开关应有完备的防护罩且防滑；④传动外露部分的防护装置要齐全可靠；⑤紧急停止按钮要灵敏、醒目。其次，压力机必须配备安全起动装置及紧急停车装置。其作用是：当操作者的肢体进入危险区时，离合器便不能结合或滑块不再继续下行。只有当操作者的肢体完全退出危险区后，压力机才能起动。安全起动装置的形式很多，光电安全装置是应用最广、较为先进的一种。此外，手推式安全保护装置（适用于小型压力机）、双手启动开关（适用于单人操作的小型压力机）应用也较广泛。

2. 起重运输伤害

机电设备制造过程配备有多种起重机械（桥式起重机、门式起重机以及磁力吊、电动葫芦等）、机械化运输线（悬挂、鳞板运输线以及铸型、装配运输线等）和厂内机动车辆，在操作中极易产生吊物坠落、吊物挤撞、绳索绞碾、桥式起重机倾翻、突然起动等事故，从而造成对人体的碰撞、砸击、挤压、夹击、飞溅、烫伤等伤害。这种伤害既存在于独立的物流运输操作中，也存在于铸造、锻压、热处理、包装、装配等主要制造过程中。

防护措施：

1）机械化运输线及起重机械采用可靠的安全装置和防护装置（包括各类行程限位、限量开关，门舱联锁保护装置，停层保护装置等）；在相应位置设置可靠的急停开关、缓冲器和终端止挡器等停车保护装置；并在所有外露的，有卷绕碰撞伤人可能的运动构件外，安装防护罩或盖。

2）加强对起重运输机械的维护管理，特别是起重机械的钢丝绳、滑轮与护罩、吊钩、制动器，厂内机动车辆的离合器等关键部件的维护管理。凡吊运炽热金属、易燃易爆危险品的起重运输设备，起升设备应装设两套制动器，对关键部件的维护要更加严格。

3）制定并严格遵守操作规程、作业指导书，并制订应急预案。

3. 触电伤害

电力是机电设备制造企业最主要的能源。企业的电力系统一般由变配电站（有些大型企业还配备有发电设备）、低压电气线路、动力及照明箱（柜、板）、接地系统、防雷装置、设备的电气开关及电路系统等组成。由于机电设备制造工艺过程及操作环境复杂，常需在潮湿、高温、风吹、日晒、雨淋、腐蚀、撞击等恶劣条件下操作，因此常易造成触电伤害。事故较多的场所和作业有：焊接、热切割、热喷涂、铸造、热处理、电镀、电加工、高能束加工等热加工、特种加工及表面保护作业，在潮湿环境工作的电动葫芦、电动工具等手持电工器具以及分布在户外的低压电气线路。

防护措施：

1）严格按照国家的有关法规、规章、标准，建设、配备企业的变配电站、厂内的低压电气线路及所有电路系统，并采取有效的绝缘、屏护和间距、接地和接零等电气安全措施以及配备漏电保护装置、电工安全用具等。

2）严格按照国家有关标准配置动力、照明箱（柜、板），使其符合作业环境要求。触电危险性大或作业环境差的生产场所，应采用封闭式箱、柜。

3）所有用电设备及用电作业都应在操作规程、作业指导书中规定有关的电气安全条款，并严格遵守。对于容易发生触电事故的设备及操作（如焊接、手持电工器具等），应制定专门的更加严格的规定。

以电焊操作为例：电焊机必须装有独立的电源开关，并有过载保护装置；焊机电源进线端、一次输出端必须有安全有效的屏护罩；焊机外壳应接地，要求接线正确，连接可靠；焊接变压器一、二次绕组间，绕组与外壳间的绝缘电阻要符合要求（$\geqslant 1M\Omega$），并有定期测量记录；焊钳必须有良好的绝缘性和隔热能力。

4. 高温伤害

一般把29℃以上的温度称为高温。高温对人体的影响主要有两个方面，一是高温烫伤，当高温使皮肤温度达41~42℃时，人就会感到灼痛，若温度继续上升，皮肤基体组织会受到损伤；二是高温生理反应，影响操作者的工作效率，严重时可导致中暑、休克。最严重的高温伤害存在于铸造、锻造、焊接、热处理、热喷涂等工艺过程（接近或超过千度高温）。在注射、粉末冶金、电镀、清洗、涂装、磨削等工艺过程中也存在一定的高温伤害。

防护措施：

1）高温作业工序，特别是铸造的熔化、炉前处理、浇注和落砂，锻造的工件加热和夹持，焊接的施焊，热处理的装炉、出炉等操作，应尽量采用机器人、机械手或其他机械化、自动化装置，以减轻操作者的劳动强度及直接面对高温烘烤的时间。

2）采用隔热防护措施，如用水或绝热材料对高温炉体、工件或操作进行隔热。

3）加强高温作业现场的通风和降温（自然和人工方法）。

4）加强劳动保护，操作者穿戴好防护衣、帽、鞋，供应好防暑降温饮料。

5. 爆炸与火灾

爆炸与火灾，两者可以单独发生，也可能同时发生。爆炸能诱发火灾；甚至星星之火也可能引起易爆物质爆炸。这类事故虽然发生的频次不高，但一旦发生将是灾难性的，因而应把其视为一种重大危险源，并通过运行控制程序及应急准备与响应程序严加控制。

机电设备制造过程发生爆炸与火灾的重点场所及作业有：易燃易爆危险品的仓储、运输作业；电路及用电设备的短路；使用易燃易爆品或产生易燃易爆物质的作业，特别是同时又在高温下的作业（如焊接、铸造、热处理、锻造、热喷涂、涂装等）。

防护措施：

1）一些容易产生爆炸与火灾的生产和生活设施及场所，包括易燃易爆化学品仓库、油库、工业气瓶、液化气站、煤气站、制氧站、乙炔发生站、压力容器、工业管道、木料场所等，都要严格按照国家有关法规、规章、标准建设及管理，制定并严格遵守操作规程、管理制度，并作为安全健康管理体系的监测、监控重点。

2）严格执行《爆炸和火灾危险环境电力装置设计规范》等国家标准，在有导电性粉尘或产生易燃易爆气体的危险作业场所（如涂装、铸造等），必须采用密闭式或防爆型的电气设备。

3）对有发生爆炸火灾危险的作业，制定专门、严格的操作规程。如：铸造熔炉（冲天炉、电弧炉、感应炉等）及浇注包的新修内衬必须烘烤至600℃以上才能使用；气焊及气割用焊（割）炬必须配用专门的回火保险器等。

6. 粉尘与烟尘

机电设备制造过程中，对操作者健康危害最大的是接触生产性粉尘及烟尘，它是造成尘肺病及其他呼吸道疾病的根源。通常把能较长时间悬浮在空气中的固体微粒称为工业粉尘，其主要成分为 SiO_2 等矿物质。而烟尘通常是伴随燃烧、加热、熔炼、摩擦等复杂的物理化学反应而产生的，其化学组成更为复杂，主要有未完全燃烧的炭粒及锰、铜、铁、锌等金属及其氧化物。粉尘与烟尘往往混杂在一起，故将其当做一类危险源加以分析。其主要来自：

1）以粉状材料为重要原材料或工艺材料的操作。如砂型铸造、磨具（砂轮）制造、焊条制造等。尤以砂型铸造最为严重，在型砂混制、造型制芯、烘干、落砂、清理等各道工序均有大量粉尘产生。

2）烟尘来自燃烧、熔炼及加热过程。如铸造生产中熔炼、炉前处理、浇注、落砂工序，焊接的施焊工序，锻造、热处理的加热工序都将产生大量烟尘。

3）磨削加工、打磨抛光等精加工，强力喷丸、喷砂等去除氧化皮或表面保护的前处理工序，也是产生粉尘及烟尘的另一类危险源。

防护措施：

1）采用先进工艺，减少粉尘、烟尘的产生。如：采用少砂无砂铸造及高溃散性型砂；选用低尘、低毒焊条及低尘药芯焊丝，扩大压焊使用范围，在容器、管道焊接中推广单面焊双面成形工艺等。

2）采用先进工艺，减少扬尘。如：采用高效混砂机，减少扬尘点；用管道输送代替带式输送型砂等粉状物料；采用高压静电技术对开放性尘源实行就地抑制，防止粉尘扩散等。

3）水力消尘。如：铸件清理采用水力清砂；热切割采用水弧切割或水槽式等离子弧切割台。

4）通风排尘。粉尘、烟尘严重的作业，其车间设计要严格依据国家标准，达到全面、良好的通风条件。此外，还可针对粉尘、烟尘集中点，采取局部通风排尘措施，把含尘气体强力抽走，经除尘器后再排入大气；在密闭空间操作，要以送风代替抽风。

5）制定严格的操作规程，加强现场操作者的劳动保护。

7. 有毒有害物质

铸造、焊接、电镀、转化膜、涂装、注射、清洗等作业是有毒有害物质富集的操作。这些物质大多以气态存在，在热加工中常常与烟尘混杂在一起。表10-12列出了各种作业环境可能存在的有毒有害物质。

表10-12 各种作业环境可能存在的有毒有害物质

工艺（作业环境）	可能存在的有毒有害物质
铸造	CO、SO_2、Cl_2、F_2、氯化物、氟化物、甲醛、苯、甲苯、二甲苯、酚、乙二胺、丙烯醛、不饱和碳化氢、氨气等
焊接	锰及其化合物、氮氧化物（NO_2、NO）、臭氧、氟化物、铅（波峰焊）等
电镀、转化膜	铬、镍、锌、铅、铜、镉及其化合物、氰化物、酸雾等
涂装	苯、甲苯、二甲苯、汽油、醇类、酯类
注射	氯化氢、含氟聚合物、氯乙烯、环氧氯丙烷、乙二胺、甲醛、苯等
清洗	汽油、苯系物、乙醇、三氯乙烯、丙酮、氯仿等

此外，有毒有害原材料的储存、运输中可能产生的泄露也是重大危险源，一旦发生，后果更为严重。

防护措施：

1）制定严格的管理制度，妥善处理有毒有害原材料的储存、运输、入库、出库工作，并制定防止泄漏产生的应急准备与响应程序。

2）采用无毒低毒工艺，改变原材料构成和工艺过程，力求实现无毒代有毒，低毒代高毒。例如：无毒气硬树脂砂、无毒精炼变质剂、低毒低尘焊条、无氰电镀、低价铬电镀（以 Cr^{+3} 代 Cr^{+6}）、电泳涂漆、水性涂装、粉末涂装、无苯稀料、各类无（低）毒清洗剂等。

3）实现生产过程密闭化、自动化。对有毒操作，通过采取设备加罩盖、转动轴密封、投料出料过程密闭化、隔离操作、自动控制及机器人操作等手段，使有毒有害物质不逸出或少逸出，减少操作者直接面对有毒物质的时间。

4）通风排毒。除参照粉尘与烟尘防治措施第4）条所述加强作业现场的全面通风和局部排风外，还应在有可能发生瞬间大量有毒物质泄漏的部位加设应急排风系统。

8. 噪声伤害

机电设备制造过程中，噪声较多，其中以锻造、冲压、铸造和装配车间最为严重。短期在噪声下工作会引起听觉疲劳、听力减退。长期在噪声下工作可能引起听觉、神经系统、心血管系统的各种疾病。

机电设备制造过程的噪声有机械噪声、气流噪声和电磁噪声。

（1）机械噪声 机械噪声是机械设备的各个部件在外力激发下振动，导致部件之间或设备与工件之间相互撞击而产生的。它主要产生在铸造的造型、清理，锻造，冲压，切削加工，装配以及装卸材料及工件等操作中。

（2）气流噪声（空气动力噪声） 气流噪声是由气流运动过程中相互作用，或气流与固体介质之间的相互作用而产生的。如各类鼓风机、空压机及气动元件开动发出的声音以及锻锤排出的蒸汽、空气声音等。

（3）电磁噪声 电磁噪声是由交替变化的电磁场激发金属零部件和空气间隙周期性振动而产生的，如电动机、变压器、电弧炉、感应炉和电焊机运转时发出的噪声。

防护措施：

1）采用先进工艺装备，控制和消除噪声源。如砂型铸造用静压、挤压、气冲紧实代替震击造型；锻造生产以热模锻压力机代替模锻锤，以电液锤代替蒸汽锤、空气锤；冲压生产以各类液压机代替机械压力机等。

2）合理设计和规划厂区及车间布局。将产生噪声的厂区与居民区，噪声车间与非噪声车间相隔一定距离或设防护带（植树或建隔离墙）；在车间内部采取隔声措施，如对噪声源（鼓风机、空压机）进行封闭隔离。

3）消声。采用多种消声器，用于降低气流噪声。

4）吸声。当车间噪声源较多，采用其他方法无法达标时，应进一步采取吸声降噪措施（吸声墙、吸声体、吸声板等）。

5）做好个人防护。当作业环境噪声大于90dB时，操作者应佩戴防声耳罩、耳塞等。

9. 振动伤害

在机电设备制造过程中，不少设备和工具在运动中产生振动，从而引起操作者身体局部如手和足振动，也可能引起全身振动。这种振动对人体神经系统、心血管系统、消化系统均有影响，可以引起多种疾病。

锻造、冲压、铸造、装配车间是振动损害较多的场所，主要有：

1）锻锤、冲剪压设备、震击式造型机、抛砂机、振动落砂机操作引起的全身振动。

2）手持电动工具（电动扳手、电动砂轮、电钻等）及风动工具（风铲、风砂轮、气动捣固机、气动喷枪等）在装配、造型、清理、清洗等操作中引起的局部振动。

防护措施：

1）隔振与阻尼。隔振即在机器设备基础上安装隔振器或隔振材料，使设备与基础之间的刚性连接变成弹性连接。如采用金属弹簧（卷簧、板簧、碟簧等）、非金属弹簧（橡胶、气垫等）或复合弹性元件作为锻锤、压力机、落砂机的基础。另外，在振动较大的构件上附加阻尼（即在构件上粘贴一层阻尼材料）也是减振的好办法。

2）采用先进的工艺装备，减少振动。如用热模锻压力机代替锻锤，以静压、挤压等造型机取代震击式造型机等。

3）人身防振。操作者佩戴防振手套、防振鞋等；定期体检等。

10. 辐射损害

机电设备制造过程中的辐射分电离辐射和非电离辐射两种。电离辐射有 X 射线及 α、β、γ 射线等，主要产生于无损探伤作业、焊接作业和高能束（激光、电子束）加工中，人体长期过量接触会产生致癌效应和遗传效应。非电离辐射包括光辐射（可见光包括激光）、紫外线、红外线、射频辐射、微波、高频电磁场等，主要存在于焊接、铸造、锻造、热处理、高能束加工及计算机编程等操作，长期接触会造成眼睛、皮肤及神经系统损害。

防护措施：

1）加强屏蔽防护。采用多种主动和被动屏蔽技术，将辐射控制在一定范围内，实现辐射源与操作者隔离或远距离操作。如激光加工的光路系统应尽可能全封闭，如不能全封闭，则光束高度应避开眼、头等重要器官。

2）加强操作者的劳动防护，定期体检。

复习思考题

10-1　简述伤亡事故、职业病的概念。伤亡事故怎样分类？

10-2　简述危险源的概念。产生危险源的两大因素是什么？简述风险的概念。简述危险源与风险之间的关系。

10-3　简述劳动保护与职业安全健康的概念。

10-4　造成能量和有害物质失控的原因是什么？

10-5　机电设备制造过程中主要存在哪些风险？可采取哪些防护措施？

第十一章　网络计划技术在设备管理中的应用

在现代化大系统中，如工业生产、农业生产、国防建设和科学技术的研究与开发工作中，工序繁多，各工序之间的关系错综复杂，参加的单位和人员也是成百上千，因此计划和组织工作极为复杂。网络计划技术正是解决这方面问题的有效工具和方法，由于它用途广，效果显著，已得到普遍重视和推广应用。

第一节　网络计划技术概述

网络计划技术是 20 世纪 50 年代发展起来的一种计划管理的科学方法。1957 年，美国杜邦公司在兰德公司的配合下，提出运用图解理论的方法来制订计划。这种计划明确地表示出各工序及各工序所需时间，并且表示出各工序之间的相互关系，于是给这种方法定名为"关键线路法"（CPM）。1958 年，美国海军特种计划局在研制"北极星"导弹的过程中，也研究出一种以数理统计学为基础、以网络分析为主要内容、以电子计算机为手段的新型计划管理方法，即"计划评审技术"（PERT）。这两种方法基本原理相同，即编制计划都是用网络图表示，所以被称为网络计划。1965 年，我国华罗庚教授开始推广和应用这些新的科学管理方法，将其定名为"统筹法"，它在我国国民经济各部门得到了广泛应用，并取得了显著的效果。

一、网络计划技术的概念

网络计划技术是指用网络计划对任务的工作进度进行安排和控制，以保证实现预定目标的科学的计划管理技术。网络计划则是在网络图上加注工作的时间参数等而编成的进度计划。

如一台镗床大修过程可看成一个系统，分解成若干项具体工作：拆卸、清洗、检查、电器检修、床身与工作台研合、零部件修理、零件加工、变速箱组装、部件组装、总装和试车等，这些工作之间的相互关系如图 11-1 所示。在确定各工作相互关系的基础上，可以用网络图的形式，把各项具体工作按照彼此之间的相互关系，依据一定的规则，编制网络计划。在这个过程中，可以对一切资源进行统筹规划、综合平衡。

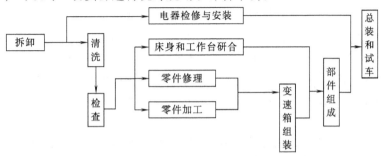

图 11-1　镗床大修各工作之间的相互关系图

二、网络计划技术的基本原理

网络计划技术的基本原理是：利用网络图的形式，表示一项计划中各项工作的时间、先后顺序及相互关系；通过计算找出计划中的关键工作和关键路线，利用时差不断改善网络计划，选择最优方案；在计划的执行中，通过信息反馈，进行监督和控制，以保证实现预定的计划目标。

长期以来，在生产经营活动的组织和管理上，特别是生产进度的计划安排和控制上，一直使用甘特图及计划进度表来安排计划。这种技术方法简单、直观性强、易于掌握，但它不能反映各个工作之间错综复杂的相互联系和相互制约的关系，也不能清楚地反映出哪些工作是主要的、关键性的。与传统的甘特图相比，网络计划技术具有系统性、动态性和可控性等特点。

三、网络计划技术的应用范围

网络计划技术的应用范围很广，主要应用于工程项目的计划管理，在设备管理中也经常被应用。对于那些任务规模很大，需要多种不同来源的大量资源（人员、机器设备、运载工具、原材料、资金），协调频繁、时间紧迫的工程任务，采用网络计划技术来管理，效果最为理想。具体来说，它可以应用于建筑工程、船舶制造、新产品研制、设备大修、单件小批生产和一次性的工程项目。

第二节　网络图的绘制和时间参数的计算

网络图是指由箭线和节点组成的，用来表示工作流程的有向、有序图形，是网络计划技术应用的基础，是计划任务或工程项目及其组成部分内在逻辑关系的综合反映。

一、网络图的构成

网络图一般由工作、事件和线路三个部分组成。

1. 工作

工作是指计划任务按所需要粗细程序划分而成的一个消耗时间也消耗资源的子项目或子任务，一般用箭线来表示。箭线的上方标明工作的名称，下方标明工作持续时间（小时、天、周等），箭尾i表示工作的开始，箭头j表示工作的结束或工作前进的方向，如图11-2所示。

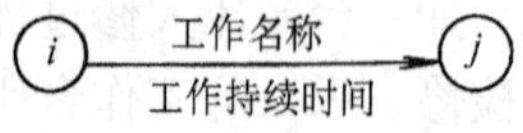

图11-2　工作在网络图上的表示方法

箭线的长短一般与时间无关。

工作的内容可多可少，范围可大可小，如可以把整个零件加工作为一项工作，也可以把其中的车、铣、磨等工序分别作为一项工作。

工作需要消耗一定资源，占用一定时间。有些工作如油漆后的干燥、等待材料或工具、铸件的自然时效处理等虽不消耗资源，但要占用时间，因而在网络图中也作为一项工作。不需要消耗资源和占用时间的工作称为虚工作，即工作持续时间为零的工作，它只表示相邻前后工作之间的逻辑关系，表明计划和项目的方向，一般用虚箭线来表示。

2. 事件

事件是指某项工作的开始或结束，在网络图中是指两项工作的衔接点，通常用"○"即节点来表示。事件不占用时间，也不消耗资源，只表示某项工作的开始或结束。若将两个节点用箭线连接，箭尾的节点称开始节点，用i来表示，箭头的节点称完成节点，用j来表示。网络图中第一个节点叫做起点节点，它表示网络图的开始；最后一个节点叫做终点节点，它表示网络图的结束；介于两者之间的节点叫做中间节点，它既表示前面工作的结束，又表示后面工作的开始。

3. 线路

线路是指在网络图中从起点节点开始，沿箭线方向连续通过一系列箭线和节点，最后到达终点节点所经过的通路。在网络图中，线路有很多条，每条线路上各工作持续时间之和就是该线路所需的时间周期。其中周期最长的线路叫关键线路。关键线路的周期也就是整个计划任务或项目所需的时间，简称工期。关键线路一般用双线标注在网络图上。关键线路上的各项工作称为关键工作。关键线路往往不止一条，越是科学合理的计划，其网络图的关键线路就越多。

二、网络图的绘制

1. 网络图的绘制规则

1）进入某一节点或从其引出的箭线可能有很多条，但相邻两个节点之间只能有一条箭线，代表一项工作，不能同时出现两条或两条以上箭线，如图 11-3a 所示。如果相邻两个节点之间有两项或两项以上平行工作（可以同时进行的几项工作），则应增加节点并用虚箭线加以分开，正确的画法如图 11-3b 所示。

2）网络图中不能出现如图 11-3c 所示的回路即闭路循环线路，箭线方向应该自左至右，不能逆向。

3）网络图中每一项工作都应有自己独立的编号，应遵守箭尾小于箭头的原则，如图 11-3d 所示的箭尾节点编号大于箭头是错误的，正确的画法如图 11-3e 所示。编号不能重复使用，一对编号不能同时代表两项以上的工作。

4）箭线必须从一个节点开始到另一个节点结束，其首尾都应该有节点，不允许从一条箭线中引出另一条箭线来，如图 11-3f 所示，正确的画法如图 11-3g 所示。

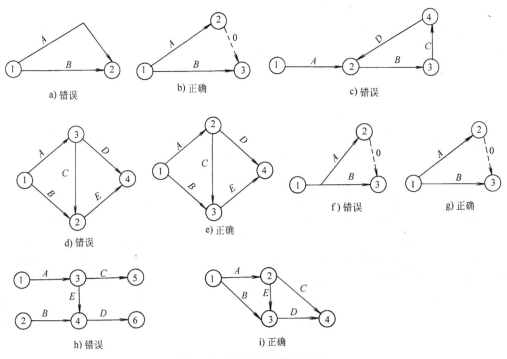

图 11-3　网络图绘制规则图示

5）每个网络图只能有一个起点节点和一个终点节点，如果出现两项或两项以上的工作同时开始或同时结束时，其所有的开始节点和完成节点都应汇合成一个起点节点或一个终点节点。如图 11-3h 应改成图 11-3i 的形式。不能出现没有紧前工作（紧排在本工作之前的工作）或紧后工作（紧排在本工作之后的工作）的中间节点。

2. 绘制步骤

（1）项目（任务）分解　任何一个项目（任务）都是由许多工作组成的，在绘制网络图前，首先将项目（任务）分解成各项工作。

项目（任务）分解一般可按其性质、组织结构和运行方式等来划分。如按准备阶段、实施阶段分解；按全局与局部分解；按专业或工艺作业内容分解；按工作责任或工作地点进行分解等。如在编制镗床大修计划时，将任务分解为拆卸、清洗、…、试车等 10 项工作。

（2）逻辑关系分析　工作的逻辑关系分析是根据网络图的要求，分析每项工作的紧前工作、紧后工作及平行工作，并将分析的结果列表，见表 11-1。

（3）绘制网络图，进行节点编号根据项目（任务）分解及逻辑关系表中各项工作的先后顺序关系，按网络图的规则画出初步网络图，并进行节点编号。同时标出工作名称和工作持续时间。

表 11-1　镗床大修项目分解及逻辑关系表

序号	代号	作 业 名 称	紧前作业	工作持续时间/天
1	A	拆卸	—	2
2	B	清洗	A	2
3	C	检查	B	3
4	D	电器检修	A	2
5	E	床身与工作台研合	C	5
6	F	零部件修理	C	3
7	G	零件加工	C	8
8	H	变速箱组装	F、G	3
9	I	部件组装	E、H	4
10	J	总装和试车	D、I	4

三、时间参数计算

计算时间参数是网络计划技术的重要环节，其目的在于确定整个任务的工期；确定关键路线；计算时差，为网络计划的检查、调整和优化做准备。时间参数包括工作持续时间、节点最早时间、节点最迟时间、最早开始时间、最早完成时间、最迟开始时间、最迟完成时间、时差和工期等。

1. 工作持续时间

工作持续时间是指对一项工作规定的从开始到完成的时间，一般用符号 D_{i-j} 表示节点编号为 i 和 j 的工作的持续时间。对于一般网络计划的工作持续时间，其主要计算方法有：参照以往实践经验估算；经过实验推算；查有关标准，按定额进行计算。

2. 节点时间参数

（1）节点最早时间　节点最早时间是指该节点后各项工作的最早开始时间，以 ET_i 表示。它的计算是从起点节点开始，在网络图上逐个节点编号由小到大自左向右计算，直至最后一个节点（终点节点）止。起点节点最早时间等于零，一个完成节点的最早开始时间是由它的开始节点的最早时间加上工作持续时间来决定的。如果同时有几支箭线与完成节点相连接，则选其中开始节点的最早时间与工作持续时间之和的最大值。其计算公式为

$$ET_1 = 0 \tag{11-1}$$

$$ET_j = \max\{ET_i + D_{i-j}\} \tag{11-2}$$

$$(j = 2, 3, \cdots, n)$$

式中　ET_j——完成节点的最早时间；

ET_i——开始节点的最早时间；

ET_1——起点节点的最早时间；

D_{i-j}——节点编号为 i 和 j 工作的持续时间。

（2）节点最迟时间　节点最迟时间是指该节点前各项工作的最迟完成时间，以 LT_i 来表示。终点节点的最迟时间应当等于总完工工期。在网络图上，从终点节点开始，按节点编号由大到小自右向左逐个节点计算，直至起点节点止。一个开始节点的最迟时间，是由它的完成节点的最迟时间减去工作持续时间来决定的。如果从此开始节点同时引出几条箭线时，则选其中完成节点的结束时间与其工作持续时间相减差值中的最小值。其计算公式为

$$LT_n = ET_n \tag{11-3}$$

$$LT_i = \min\{LT_j - D_{i-j}\} \tag{11-4}$$

$$(i = n-1,\ n-2,\ \cdots,\ 1)$$

式中　LT_n——终点节点的最迟时间；

ET_n——终点节点的最早时间；

LT_i——开始节点的最迟时间；

LT_j——完成节点的最迟时间；

D_{i-j}——节点编号为 i 和 j 工作的持续时间。

3. 工作时间参数

（1）最早开始时间　在紧前工作和有关时限约束下，工作有可能开始的最早时刻，就称为该项工作的最早开始时间，一般以 ES_{i-j} 表示。实际上工作的最早开始时间就是它的箭尾节点（开始节点）的最早时间，在网络图上的标识示例如图11-4所示。其计算公式为

$$ES_{i-j} = ET_i \tag{11-5}$$

（2）最早完成时间　在紧前工作和有关时限约束下，工作有可能完成的最早时刻，就称为该项工作的最早完成时间，一般以 EF_{i-j} 表示，在网络图上的标识示例如图11-4所示。显然，存在下列关系

$$EF_{i-j} = ES_{i-j} + D_{i-j} \tag{11-6}$$

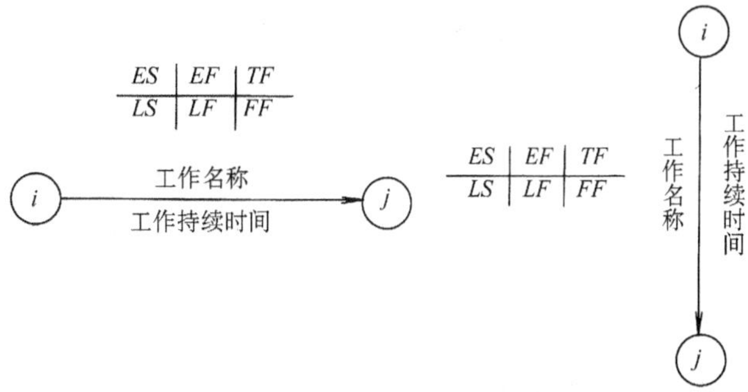

图 11-4　工作时间参数的网络图标识示例

（3）最迟完成时间　在不影响任务按期完成和有关时限约束的条件下，工作最迟必须完成的时间，称为该项工作的最迟完成时间，一般以 LF_{i-j} 表示。实际上工作的最迟完成时间就是它的箭头节点（完成节点）的最迟时间，在网络图上的标识示例如图11-4所示。其计算公式为

$$LF_{i-j} = LT_j \tag{11-7}$$

（4）最迟开始时间　在不影响任务按期完成和有关时限约束的条件下，工作最迟必须开始的时间，称为该项工作的最迟开始时间，一般以 LS_{i-j} 表示，在网络图上的标识示例如图11-4所示。显然，存在下列关系

$$LS_{i-j} = LF_{i-j} - D_{i-j} \tag{11-8}$$

（5）总时差　也称为富裕时间或机动时间，是指在不影响工期和有关时限的前提下，一项工作可以利用的机动时间，即一项工作从其最早开始时间到最迟开始时间，或从最早完成时间到最迟完成时间，中间可以推迟的最大延迟时间，一般用 TF_{i-j} 表示。总时差在网络图上的标识示例如图 11-4 所示。其计算公式为

$$TF_{i-j} = LS_{i-j} - ES_{i-j} \tag{11-9}$$

或

$$= LF_{i-j} - EF_{i-j} \tag{11-10}$$

总时差越大，说明挖掘时间的潜力越大，反之则相反。若总时差为零，则说明该项工作无任何宽裕的时间。总时差为零的工作称为关键工作，由关键工作组成的线路称为关键线路。

（6）自由时差　是指在不影响其紧后工作最早开始和有关时限的前提下，一项工作可以利用的机动时间，一般用 FF_{i-j} 表示。自由时差在网络图上的标识如图 11-4 所示。其计算公式为

$$FF_{i-j} = ES_{j-k} - EF_{i-j} \tag{11-11}$$

式中　ES_{j-k}——紧后工作的最早开始时间。

计算时间参数可列出表格，并标注在网络图上。

例 11-1　根据表 11-1 镗床大修项目分解及逻辑关系表绘制网络图并计算时间参数，确定工期，指明关键路线。

解　1）根据式（11-1）、式（11-2）计算各节点最早时间 ET_i。

$$ET_1 = 0$$

$$ET_2 = 0 + 2 = 2$$

重复上述的计算方法，可算出

$$ET_3 = 4 \qquad ET_4 = 7 \qquad ET_5 = 15$$

由于指向⑥节点的箭线有 2 条，故

$$ET_6 = \max\{15 + 0, 7 + 3\} = 15$$

$$ET_7 = \max\{15 + 3, 7 + 5\} = 18$$

重复上述的计算方法，可算出

$$ET_8 = 22 \qquad ET_9 = 26$$

2）最早开始时间 ES_{i-j} 可根据式（11-5）算出，并将 ES_{i-j} 标注在网络图上。

3）节点最迟时间 LT_i 可根据式（11-3）、式（11-4）算出

$$LT_9 = ET_9 = 26$$

$$LT_8 = 26 - 4 = 22$$

重复上述的计算方法，可算出

$$LT_7 = 18 \qquad LT_6 = 15 \qquad LT_5 = 15$$

因为由④节点引出的箭线有 3 条，故

$$LT_4 = \min\{15 - 8, 15 - 3, 18 - 5\} = 7$$

重复上述的计算方法，可算出

$$LT_3 = 4 \qquad LT_2 = 2 \qquad LT_1 = 0$$

4）最迟完成时间 LF_{i-j} 可根据式（11-7）算出，并将 LF_{i-j} 标注在网络图上。

5）EF_{i-j}可根据式（11-6）计算；LS_{i-j}可根据式（11-8）计算；TF_{i-j}和 FF_{i-j}可根据式（11-9）、式（11-10）、式（11-11）计算，并将上述时间参数标注在网络图上。

镗床大修网络图及时间参数如图 11-5 所示。

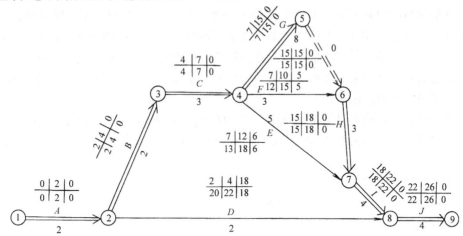

图 11-5　镗床大修网络图及时间参数

6）将总时差为零的工作连接起来便是关键线路，即①－②－③－④－⑤－⑥－⑦－⑧－⑨。

7）计算工期

$$T = (2 + 2 + 3 + 8 + 3 + 4 + 4)\text{天} = 26 \text{ 天}$$

时间参数计算结果见表 11-2。

表 11-2　时间参数计算表

工作名称	节点编号	工作持续时间/天	时　间　参　数						是否关键工作
			ES	EF	LS	LF	TF	FF	
A	①－②	2	0	2	0	2	0	0	是
B	②－③	2	2	4	2	4	0	0	是
C	③－④	3	4	7	4	7	0	0	是
D	②－⑧	2	2	4	20	22	18	18	否
E	④－⑦	5	7	12	13	18	6	6	否
F	④－⑥	3	7	10	12	15	5	5	否
G	④－⑤	8	7	15	7	15	0	0	是
H	⑥－⑦	3	15	18	15	18	0	0	是
I	⑦－⑧	4	18	22	18	22	0	0	是
J	⑧－⑨	4	22	26	22	26	0	0	是

第三节　网络计划的检查、调整与优化

初步的网络计划编制结束后，需要从项目的工期、资源、成本等方面进行检查和调整，重新编制可行网络计划。可行网络计划一般要进行优化，方可编制正式网络计划。

一、网络计划的检查与调整

网络计划检查的内容有：工期是否符合要求；资源配置是否符合资源供应条件；成本控制是否符合要求等。

网络计划调整的内容和方法有：①工期的调整。当"计算工期"不能满足预定的时间目标要求时，可改变工作方案的组织关系；②资源调整。资源强度即一项工作在单位时间内所需的某种资源数量超过供应可能时，应进行调整。调整的方法是：调整非关键工作，使资源降低；在总时差允许的前提条件下，灵活安排非关键工作的持续时间（如延长持续时间，改变开始、完成时间或间断进行）。

检查调整后，必须重新计算时间参数，修改时间参数表和网络图上的标注时间，标明关键工作。根据调整后的网络图和计算的时间参数，重新绘制的网络计划即为可行网络计划。

二、网络计划的优化

网络计划的优化主要有以下三个方面。

1. 缩短工程进度的优化

任何项目都要求合理地使用劳动时间以缩短总工期，如果长期不能完工，不仅积压大量的资金，而且随着时间的延长所支付的劳动和投资也会相应增加。因此，缩短工期能节约资源，应通过调整计划安排，在满足资源有限制的条件下，使工期拖延最少。

网络计划中，由于关键线路上各项工作的持续时间决定着整个计划的工期，因此要缩短整个工期，就必须分析缩短关键线路上各关键工作持续时间的可能性。如果在关键线路上缩短工期后仍不能达到缩短整个计划工期的要求，就必须从新的关键线路上再做第二次乃至多次缩短，直至达到要求为止。例（11-1）镗床大修总工期为 26 天，如果要求缩短总工期，只要缩短关键线路上某些关键工作的持续时间即可。若根据工厂具体情况，可以缩短 G 工作的持续时间，即将 G（零件加工）工作改为两个作业组同时进行，假设各为 4 天，则总工期可以缩短 4 天，变为 22 天。优化后的网络图如图 11-6 所示。根据各厂具体情况，还可以采取其他的方法将总工期进一步缩短。

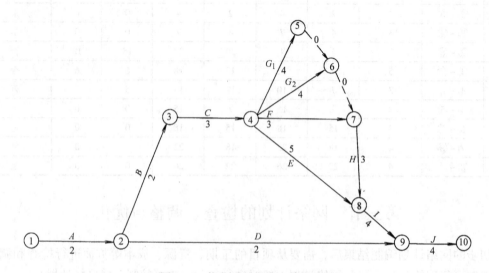

图 11-6　优化后的镗床大修网络图

2. 资源均衡利用优化

编制网路计划时，在考虑工期和工程费用的同时，也要尽量合理地安排人力、设备和材料等有限的资源。资源均衡利用优化即在资源一定的条件下，寻求最短的生产周期，或当一项任务的总工期确定后，要对整个任务的各个工作上的资源合理利用，使投入的资源最少。

合理安排资源的主要内容有：

1）在规定日期内，计算出该项任务的每一工作所需要的资源，并作出日程上的进度安排。

2）当资源有限制时，应全面统筹规划各项活动，以保证总工期的完工。

3）必要时适当调整总工期，使资源得到充分合理的利用。

4）优先保证关键线路上各关键工作对资源的需要，充分利用时差，平衡协调各活动所需的资源。

3. 最低成本优化

在网络计划中，时间和成本的均衡分析是一个重要问题，在实现一个系统的过程中，应考虑到使整个系统以最短的期限和最少的成本来完成计划，即从时间长、成本少和时间短、成本多的两个极端出发，寻求期限较短而成本最少的合理方案。最低成本优化就是寻求总成本支出最少的最佳工期。

工程项目成本由直接成本和间接成本两部分组成。直接成本是指在规划中与各个工作延续时间有关的成本，包括直接生产人员的工资和附加费、材料费、设备台班费等。间接成本是指相关管理费用、办公费等。这两种成本与工期有一定的关系，一般缩短工期会引起直接成本的增加和间接成本的减少；而延长工期会导致直接成本的减少和间接成本的增加。最低成本优化，就是使项目总成本为最少，与之相对应的工期为最佳工期。

复习思考题

11-1 网络计划技术有何特点？

11-2 网络图由哪几部分构成？

11-3 如何确定关键线路？

11-4 网络计划的优化有哪几个方面？

11-5 某设备修理可分解为9项工作，各工作时间及逻辑关系见表11-3，要求绘制网络图，计算时间参数，指出关键路线，确定工期。

表11-3 工作持续时间及工作相互关系表

序号	工作名称	工作代号	紧前工作	工作持续时间/天	序号	工作名称	工作代号	紧前工作	工作持续时间/天
1	拆卸清洗	A	—	1	6	换轴承	F	D	1
2	检查零件磨损情况	B	A	2	7	装齿轮箱零件	G	D	6
3	检查电动机	C	A	3	8	装电动机	H	E、F	4
4	检查齿轮箱齿轮	D	B	4	9	总装配	I	G、H	5
5	检修主轴	E	C	3					

11-6 某新产品研制工作由10项工作组成，各项工作的工作持续时间及紧后工作见表11-4，要求绘制网络图，计算时间参数，标明关键路线。

表 11-4　工作持续时间及工作相互关系表

序号	工作代号	工作持续时间/天	紧后工作	序号	工作代号	工作持续时间/天	紧后工作
1	A	2	D、E	6	F	7	G
2	B	3	G	7	G	4	I、J
3	C	6	F、H	8	H	2	J
4	D	4	I	9	I	5	—
5	E	4	G	10	J	3	—

附录 设备统一分类及编号目录

0 金属切削机床

类别	0 数控金属切削机床	1 车床	2 钻床及镗床	3 研磨机床	4 联合及组合机床
0	车床类	合台式车床（仪表车床）	合台式钻床	外圆磨床	万能联合机床
1	钻镗类	单轴自动与半自动车床	立式钻床	内圆磨床	半自动联合机床
2	磨床类	多轴自动与半自动车床	多轴钻床	坐标磨床	自动联合机床
3	齿轮类	回轮、转塔车床	标摇臂钻床	专用磨床	组合机床
4	螺纹加工类	曲轴车床	半自动钻床	导轨磨床	程序控制机床
5	铣床类	立式车床	坐标镗钻床	工具磨床	
6	刨插床类	落地及卧式车床	铣镗床	刀具磨床	
7	拉床类	仿形及多刀车床	金刚镗床	平面磨床	
8	柔性加工单元、加工中心	专用车床	卧式镗铣床	研磨抛光机、砂轮机	
9	其他机床类	其他车床	其他钻镗床	其他磨床	

1 锻压设备

类别	0 数控锻压设备	1 锻锤	2 压力机	3 锻造机	4 辗压机
0	压力机类	蒸汽锤、汽锤（自由锤）	水压机	水平分模锻机	型材辗压机
1		模锻锤	液压机	垂直分模锻机	型板辗压机
2		空气锤	曲轴压力机	平锻机	
3		弹簧锤	螺旋压力机	道钉机	
4		夹板锤、皮带锤	偏心压力机	铆钉机	
5		对击锤	手动压力机	热模锻压力机	
6			拉伸压力机	辗环机	
7		气动模锻锤	精压机	辊锻机	
8	整形机类	液压模锻锤		横轧机	
9	其他	其他锻锤	其他压力机	其他锻造机	

2 起重运输设备

类别	1 起重机	2 卷扬机	3 传送机械	4 运输车辆
0	桥式起重机	蒸汽卷扬机	悬挂运输机	叉车
1	梁式起重机	电动卷扬机	带式运输机	牵引车
2	单梁起重机	手摇卷扬机	螺旋运输机	载货汽车
3	龙门起重机		链式运输机	铁路货车
4	单臂吊、悬挂起重机		滚道运输机	翻斗车
5	桅杆式起重机		斗式运输机	小电瓶车
6	塔式起重机		装配运输机	
7	回转式起重机			
8				
9	其他起重机	其他卷扬机	其他传送机	其他车辆

（续）

分项	大类别	组别	5 齿轮加工及螺纹加工机床										6 铣床										7 刨、插、拉床										8 切断机床										9 其他金属切削机床									
		分类别	0	1	2	3	4	5	6	7	8	9	0	1	2	3	4	5	6	7	8	9	0	1	2	3	4	5	6	7	8	9	0	1	2	3	4	5	6	7	8	9	0	1	2	3	4	5	6	7	8	9
机械设备	0 金属切削机床		螺纹车削机	锥齿轮切齿机	滚齿机	插齿机	齿轮杆齿加工机	齿轮精加工机床	花键轴铣床	齿轮倒角机床	齿轮磨床	其他螺纹加工机床	立式万能铣床	平面铣床	一工具铣床	仿形铣床	龙门铣床	立式转台铣床	万能铣床(悬臂滑枕)	立式转台铣床	卧式升降台铣床	其他铣床	单臂刨床	龙门刨床	牛头刨床			立式插床	卧式拉床	仿形刨床	插床	其他刨拉床	金属切断机床	砂轮片切断机床				圆锯床	弓锯床	锯床	其他切断用机床	管子加工机床				刻字机床	电线加工机床	自动打字机床		其他金属切削机床
	1 锻压设备		自动冷镦机	自动切边机	制钉机	滚丝机	冷轧成形机					其他冷作机	板料直线剪切机	型钢剪断机	板料曲线剪切机	鳄鱼式剪床			手动剪床	联合冲剪机		其他剪切机	板料校平机	板料弯曲机	型材校直机	型材弯曲机	型材折弯机			旋压机		其他整形机	卷簧机	弹簧成形机	缓冲弹簧加压机	弹簧压力机						其他弹簧加工机	拔丝机	校直机	剖刀机	齿轮铆接机	齿轮热轧机					其他锻压冷作设备
	2 起重运输设备		迁车台	转车台									升降机(电梯)	翻斗机									机动船舶	非机动船舶																		其他起重运输设备										其他起重运输设备

（续）

分项	组别（分类别）	0	1	2	3	4
机械设备	3 木工、铸造设备		木工机械 0 木工锯床机 1 木工钻床 2 木工刨床 3 木工车床 4 木工铣床 5 木工开榫机 6 工具修磨机 9 其他木工机械	铸造设备 0 造型制型设备 1 特种铸造设备 2 落砂设备 3 砂处理设备 4 铸造清理设备 5 压铸设备 6 离心铸机 9 其他铸造机		
机械设备	4 专业生产用设备		螺钉专用设备 0 螺钉混合机 9 其他	汽车专用设备	轴承专用设备	电线电缆专用设备
机械设备	5 其他机械设备		油漆专用设备 0 油漆混合机 1 油漆研磨机 9 其他油漆机械	油处理机械 0 离心油分离器 1 滤油机 2 再生油棉油压滤机 9 其他油处理机械	管用机械 0 绞管机 1 弯管机 2 管子清锈机 3 管口矫正机 吹灰装置 9 其他管用机械	破碎机械 0 锤式破碎机 1 颚式破碎机 2 圆锥破碎机 3 球磨机 4 棒磨机 9 其他破碎机
动力设备	6 动能发生设备	电站设备 0 电站锅炉 1 汽轮发电机 供水除尘机组设备 直流电气系统及处理设备 9 其他电站设备	氧气站设备 0 分馏塔 1 高低压氧压机 2 膨胀机 3 充氧台 4 储气罐 9 其他氧气站设备	煤气及保护气体发生设备 0 煤气发生炉 1 静电除尘器 2 煤气洗涤塔 3 干燥塔 排送机和鼓风机 和整流装置 9 其他煤气站设备	乙炔发生设备 0 乙炔发生器 1 储气罐 2 乙炔压缩机 9 其他乙炔发生设备	空气压缩设备 0 空气压缩机 1 后冷却器 2 储气罐 3 循环水泵 9 其他空压站设备

（续）

154

大类别：机械设备

3 木工、铸造设备

组别	5	6	7	8	9

4 专业生产用设备

组别	5 电瓷专业设备	6 电池专业设备	7	8	9 其他专业机械设备

5 其他机械设备

组别	5 土建机械	6 材料试验机	7 精密度量设备	8 操作机械	9 其他专业机械设备
0			0 精密度量设备		0 产品试验机装置
1	1 推土机	1 万能材料试验机		1 喷漆机器人	
2	2 挖掘机	2 拉力试验机		2 焊接机器人	
3	3 开山机	3 压力试验机		3 自动化操作辅助机	
4	4 拖拉机	4 弯曲试验机		4 锻造操作机	
5	5 打桩机	5 硬度试验机		5 装配操作机	
6		6 冲击试验机			
7		7 扭曲试验机			
8	8 搅拌机	8 疲劳试验机			
9	9 其他土建机械	9 其他材料试验机		9 其他操作机械	9 其他专业机械设备

大类别：动力设备

6 动能发生设备

组别	5 二氧化碳设备	6 工业泵	7 锅炉房设备	8 蒸汽及内燃机	9 其他动能发生设备
1	1 石灰窑	1 水泵	1 锅炉给水机器	1 汽油机	
2	2 顶热锅炉	2 污水泵	2 除氧给水机	2 柴油机	
3	3 洗涤塔	3 泥浆泵	3 水处理设备	3 煤气机	
4	4 吸收塔	4 高压泵		4 煤汽机	
5	5 储气器	5 耐酸泵			
6		6 真空泵			
8	8 二氧化碳设备				
9	9 其他二氧化碳设备	9 其他工业泵	9 其他锅炉房设备	9 其他蒸汽及内燃机	9 其他动能发生设备

（续）

分项	大类别/组别	0	1	2	3	4
动力设备	7 电器设备	（0～9）	**变压器** 0 电力变压器 1 配电变压器 2 电炉变压器 3 试验调压变压器 4 高压变压器 5 电渣炉变压器 6 电动机专用变压器 9 其他变压器	**高低压配电设备** 0 高压配电盘 1 低压配电盘 2 控制盘 3 高压电力电容器 4 低压电力电容器 5 避雷器 6 高压油开关 7 高压互感器 9 其他高压配电设备	**变频、高频、交流设备** 0 高频电热加工设备 1 中频电热加工设备 2 灯式高频加热设备 3 特定频率加热设备 4 变流、整流设备 5 天车变流供电设备 6 直流供电设备 7 交流供电机组 9 其他	**电气检测设备** 0 动平衡机 1 电力测功机 2 电磁探伤机 3 电气试验台 9 其他
	8 工业炉窑	（0～9）	**熔炼炉** 0 化铁炉 1 电弧炉 2 转炉 3 平炉 4 坩埚炉 5 粉末冶金炉 6 电渣熔炼设备 9 其他熔炼设备	**加热炉** 0 普通加热炉 1 反射加热炉 2 室台式加热炉 3 连续加热炉 4 贯通式加热炉 5 柴油加热炉 9 其他加热炉	**热处理炉（窑）** 0 室式热处理炉 1 台车式热处理炉 2 井式热处理炉 3 马弗炉 4 盐浴炉 5 柴油退火炉 6 液体热处理炉 7 电阻热处理炉 8 感应加热炉 9 其他热处理设备	**干燥炉（窑）** 0 砂型烘炉 1 芯型烘炉 2 电木材料烘干炉 3 喷漆烘干炉 4 木材干燥炉 5 烘干室 9 干燥炉
	9 其他动力设备	（0～9）	**通风采暖设备** 0 离心式通风机 1 轴流式通风机 2 罗茨鼓风机 3 叶片高速鼓风机 4 喷雾通风机 5 通风机 8 采暖设备 9 其他	**恒温设备** 0 氨冷凝机 1 冷冻机 2 蒸发器 3 喷雾器 4 加热器 5 恒温设备 6 恒温控制设备 9 其他	**管道** 0 热力管道 1 煤气管道 2 氧气管道 3 乙炔气管道 4 保护气体管道 5 压缩空气管道 6 上下水管道 7 风管道 9 其他管道	**电镀设备有工艺用槽** 0 镀铬工艺设备 1 镀锌工艺设备 2 镀镍工艺设备 3 镀铜工艺设备 4 电解工艺设备 5 化工工艺设备 6 表面处理设备 7 清洗槽 8 各类工艺用槽 9 其他

（续）

分类别 大类别 / 组别	5	6	7	8	9
7 电器设备	焊切设备 0 直流弧焊机 1 交流电焊机 2 对焊机 3 缝焊机 4 氩弧焊机 5 点焊机 6 电渣焊机 7 电焊切割机 8 切割设备 9 其他焊切设备	电气线路 0 动力线路（室内干线） 1 照明线路（室内干线） 2 高压架空线路 3 低压架空线路 4 高压电缆线路 5 低压电缆线路 6 电信线路 7 8 9	弱电设备 0 调度电话机 1 自动电话交换机 2 供电式电话交换机 3 电钟 4 母线 5 警报防雷设备 6 蓄电池组 7 充电台受信及信台 8 9 其他弱电设备	容器 0 储油容器 1 储液化气容器 2 储水容器 3 储气体容器 4 5 6 7 8 9 其他容器	其他电气设备 0 磁处理设备 1 2 3 4 5 6 7 8 9 其他电气设备
8 工业炉窑	熔剂竖窑 0 石灰石窑 1 耐火石料窑 … 9 其他				其他工业炉窑 0 1 2 … 9 其他工业炉窑
9 其他动力设备	除尘设备 0 旋风除尘设备 1 布袋除尘设备 2 工业除尘设备 … 9 其他		涂装设备 0 喷漆室 1 静电喷漆室 2 浸漆设备 3 电泳涂漆设备 4 粉末涂装设备 … 9 其他涂装设备		其他动力设备 0 1 2 … 9 其他动力设备

注：1. 电动机都附属于主机，统一作为附件编号，个别大型的备用电动机如列为固定资产的，可列在其他电气设备类。

2. 动力设备中的风机、水泵等通用设备，能与主机成套的随主机作为附件编号，不单独编号。

参 考 文 献

[1] 徐扬光. 设备工程与管理[M]. 上海：华东化工学院出版社，1992.

[2] 陈付林. 设备管理与维修[M]. 南京：河海大学出版社，1990.

[3] 江苏省机械工业厅. 设备管理与维修手册[M]. 南京：江苏科学技术出版社，1987.

[4] 中国设备管理协会. 设备管理与维修[M]. 北京：机械工业出版社，1987.

[5] 胡先荣. 现代企业设备管理[M]. 北京：机械工业出版社，1998.

[6] 钟掘. 现代设备管理[M]. 北京：机械工业出版社，1989.

[7] 徐温厚，查志文. 工业企业设备管理[M]. 北京：国防工业出版社，1987.

[8] 林允明. 设备管理[M]. 北京：机械工业出版社，1997.

[9] 郑国伟，文邦德. 设备管理与维修工作手册[M]. 长沙：湖南科学技术出版社，1989.

[10] 高来阳. 设备管理学[M]. 北京：中国铁道出版社，1993.

[11] 李葆文. 设备管理新思维新模式[M]. 北京：机械工业出版社，1999.

[12] 机械工程手册编辑委员会. 机械工程手册：第2卷综合技术与管理卷[M]. 北京：机械工业出版社，1996.

[13] 机械动力师手册编写组. 机械（动力）师手册[M]. 北京：机械工业出版社，1997.

[14] 范光松. 设备润滑与防腐[M]. 北京：机械工业出版社，1999.

[15] 张晨辉. 设备润滑与润滑作用[M]. 北京：机械工业出版社，1994.

[16] 中国机械工程学会摩擦学学会. 润滑工程[M]. 北京：机械工业出版社，1986.

[17] 朱明道. 设备管理工程[M]. 北京：水力电力出版社，1989.

[18] 王汝霖. 润滑剂摩擦化学[M]. 北京：中国石化出版社，1994.

[19] 汪德涛. 润滑技术手册[M]. 北京：机械工业出版社，1999.

[20] 张群生. 液压传动与润滑技术[M]. 北京：机械工业出版社，1995.

[21] 中国机械工程学会设备维修分会. 设备工程实用手册[M]. 北京：中国经济出版社，1999.

[22] 张友诚. 现代设备综合管理[M]. 北京：奥林匹克出版社，1999.

[23] 钟小军，黎放，齐平，程霖. 现代管理理论与方法[M]. 北京：国防工业出版社，2000.

[24] 中国机械工程学会房贵如，田秀敏. 机电制造业实施环境/职业安全健康管理体系实用指南[M]. 北京：机械工业出版社，2002.